U0013574

我的咖啡生活提案

LE CAFÉ C'EST PAS SORCIER

★★★暢銷珍藏版★★★

陳春龍 Chung-Leng Tran、賽巴斯汀‧拉辛努 Sébastien Racineux / 著

亞尼斯‧瓦盧西克斯 Yannis Varoutsikos / 繪　林琬淳 / 譯

suncolor
三采文化

目　錄
C O N T E N T

CHAPITRE

1

咖啡大小事

你是哪一種咖啡客？

自從喝下第一杯咖啡開始，
也許那難以言喻的滋味使你皺眉，卻也讓你從此愛上咖啡。
咖啡已經成為日常不可或缺的一部分，
但你和咖啡實際上又維持著什麼樣的關係呢？

黃色小鴨會讓你聯想到？

- [ ] 看著白方糖在咖啡中慢慢變色，自己就像孩子那般驚嘆
- [ ] 溫熱的糖在舌尖上融化的療癒感
- [ ] 在大人世界中遊走的童年
- [ ] 在杯中沉醉無法自拔
- [ ] 唐老鴨

你一天喝幾杯咖啡？

- [ ] 0杯　我通常一週喝一杯
- [ ] 1-2杯　合理範圍
- [ ] 2-3杯　是我不對
- [ ] 3-4杯　純屬偶然……但又經常發生
- [ ] >5杯　好啦，我知道，我會少喝一點

想喝第一杯咖啡的時間？

- [ ] 一起床還沒淋浴前
- [ ] 盥洗後
- [ ] 早餐用碗公喝咖啡歐蕾
- [ ] 到辦公室之後
- [ ] 午餐之後

咖啡沒了怎麼辦！

- [ ] 找最近的咖啡館，在櫃檯迫不及待點一杯濃縮咖啡
- [ ] 即使得翻山越嶺，只要能夠喝到咖啡在所不惜
- [ ] 不喝也沒關係，但會整天都脾氣暴躁
- [ ] 沒有就算了，喝茶也可以

你覺得自己是：

☐ 重度咖啡上癮者，在喝到咖啡
之前毫無行動力和生產力

☐ 咖啡貴族，學會品嚐上等咖啡
就再也回不去了

☐ 浪漫的咖啡主義者，早上喝一
大碗咖啡歐蕾，邊吃可頌邊看
報紙，如果能坐在陽光照耀的
陽臺更好

☐ 喜歡與同事在咖啡機旁說人閒
話時喝上一杯

☐ 習慣外帶邊走邊喝

☐ 只要有人約喝咖啡一定赴約

☐ 為了有正當理由吃巧克力才喝
咖啡*

☐ 對咖啡戒慎恐懼，只肯在晚餐聚會的最後喝一杯低咖啡因的咖啡

---

*譯註：咖啡的咖啡因配合巧克力的生物鹼，可刺激生理循環，使人感到興奮。

一杯咖啡，各種滋味

大家都說喝一杯咖啡，
但一杯咖啡卻有數十種飲用方式，
來看看哪一種適合你吧！

濃縮咖啡

快速喝下一小口美味，
適合純正的咖啡愛好者。

雙倍濃縮咖啡

適合了解狀況的工作狂，
既然喝一杯不夠，
不如喝雙倍一次解決。

摩卡

適合不太喜歡咖啡味道的人，
算是個時髦又有創意的解決方式。

拿鐵

優柔寡斷者的完美選擇，
因為絕對不會出錯。

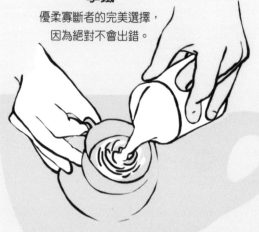

卡布奇諾

口味溫和，
適合注重品質的咖啡客，
但要留意奶泡鬍子。

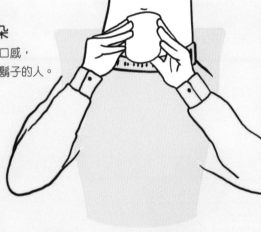

瑪奇朵

同樣溫和的口感，
適合不喜歡奶泡鬍子的人。

冰咖啡

打破傳統，適合愛用
吸管又愛喝咖啡的人。

美式咖啡

誰說黑咖啡平淡無味？
黑咖啡是生命裡最單純的快樂。

法布奇諾（星冰樂）

對喜歡冰淇淋更甚咖啡
的人來說，是咖啡帶來的
絕對幸福感。

世界各國的咖啡

喝咖啡不只受到個人喜好影響，不同地區也會有所差異。
就讓我們來看看，不同國家的人喝咖啡有什麼不一樣的習慣？

A 美國（和其他英語系國家）

大多數人喝咖啡都會加牛奶，美國人通稱這種咖啡為「拿鐵」，並且通常外帶飲用。在快餐店還有「無限暢飲」的咖啡：只要付一杯咖啡的錢，服務生會拿著咖啡壺來幫你續杯。這種咖啡通常不怎麼好喝，除了使用品質不怎麼樣的咖啡豆，附加熱盤的咖啡機還會整天持續加熱咖啡，是造成美式咖啡惡名的一大來由。

B 義大利

義大利是濃縮咖啡的愛好國。他們早上上班前會在小酒館的櫃檯迅速喝一小杯「濃」咖啡；到了十一點左右的晨憩時間（colazione，指早餐後到午餐前的短暫休息時間），會配著奶油小麵包或其他點心再喝上一杯濃縮咖啡。義大利人在家裡一定是用摩卡壺來煮義式摩卡咖啡，而且絕對不喝滴濾咖啡。

C 北歐國家（挪威、瑞典……）

北歐人是世界知名的咖啡消費者，他們喝的大多是滴濾咖啡。在十九世紀的挪威，很多人會在家裡私釀烈酒。教會為了要降低人們的飲酒量，便選擇了危險性較酒精低的咖啡做替代品並大肆推廣。既然不能在家裡蒸餾酒精，許多人便開始喝咖啡，咖啡也因此也成為北歐日常生活中不可或缺的一部分。

D 土耳其

土耳其咖啡（傳入希臘之後又稱為「希臘咖啡」）最早出現於十六世紀的鄂圖曼帝國，以土耳其咖啡壺「cezve」烘煮而成；這是一種用紅銅或黃銅製成的長柄容器，人們會在裡頭加入磨得像麵粉一樣細的咖啡粉來沖泡。以前人喝咖啡還會用另一種不留渣的長柄咖啡壺「ibrik」來煮咖啡，因外型相似，後來的人常將這種壺和 cezve 搞混。土耳其咖啡種類有極甜的 çok sekerli、微甜的 az sekerli、略甜的 orta 和完全不甜的 sade。依據傳統習俗，人們喝完咖啡後會把杯子倒扣在咖啡盤上，看咖啡渣的圖形來占卜未來。只有土耳其、巴爾幹半島、中東及非洲東部喝這種咖啡；然而人們喝的不只是咖啡，更是一種生活的藝術。

E 日本

日本給人的第一印象和聯想是茶文化，他們是茶葉生產與飲用的大國。其實日本人也很愛喝咖啡，並且從十八世紀便開始建立自己的一套咖啡文化。他們的咖啡消費力驚人，尤其是高級咖啡，飲用量在全世界名列前茅。日本人偏好採用手法溫和的 V60 滴濾壺或虹吸式咖啡壺（又稱賽風壺）來煮咖啡。

F 衣索比亞

傳統是由女性負責準備咖啡：首先得用平底大鐵鍋烘焙生咖啡豆，接著將烘焙好的咖啡豆放進缽裡搗碎，然後將咖啡粉倒進一種叫做 jebena 的陶壺裡加水煮開。最後用無握把的小杯盛裝煮好的咖啡，配上爆米花一起享用，這就是衣索比亞的咖啡儀式。

夥計，來一下！

在法國，人們稱咖啡館的服務生為「男孩」（garçon），這個稱呼源自於巴黎的普羅可布咖啡館（Procope）。普羅可布從十七世紀開始營業，至今仍屹立不搖，被公認是法國歷史上最老的咖啡館。當時店主的孩子會幫忙端咖啡給客人，被喚做「小男孩」（petit garçon），簡化之後就成了現在服務生的通稱。

喝咖啡何處去？

原本處處小酒館林立的法國，
親眼見證了英式、美式咖啡館文化的興起。

咖啡館

　　街上的咖啡館是喝咖啡的絕佳去處，來這裡的客人大多是跟得上潮流的年輕人，他們把咖啡館當做住處與工作之間的第三方休憩站。

　　在咖啡館喝咖啡，有專業的咖啡師（barista）準備飲品，還可搭配甜點享用，例如美式胡蘿蔔蛋糕或費南雪蛋糕（參見第182頁）。這裡的咖啡也可以外帶，甚至從店裡買咖啡豆回家自己現磨現煮也沒問題。

小酒館

小酒館的櫃檯是品嚐這一小杯神聖飲品的最佳所在，然而這裡賣的可不只有咖啡。

在法國，小酒館或咖啡館通常位在城市街區的中心，隨時供人們喝上一杯酒或軟性飲料；當然小酒館也供應咖啡，有些甚至還提供餐點。酒館的服務生會從櫃檯或桌間為客人送上咖啡，許多人會選擇坐在露天座位悠閒地品嚐，但這裡的咖啡是不外帶的。咖啡的價格則取決於在酒館裡喝咖啡的座位位置。

咖啡家族

本篇先來聊聊關於植物學的小常識，幫助你更了解咖啡豆，
也揭開羅布斯塔的真相以及相關問題。

咖啡樹的品種

　　咖啡樹屬於茜草科咖啡屬植物。全世界咖啡屬植物約有七十多種，然而用於商業生產的咖啡只有四種，一是小果咖啡（*Coffea arabica*），又稱阿拉比卡，源自「阿拉伯」（Arabe）一字；二是中果咖啡（*Coffea canephora*），又統稱羅布斯塔；這兩種咖啡占了全世界總產量的 99%。在西非和亞洲還有大果咖啡（*Coffea liberica*）及高產咖啡（*Coffea excelsa*），兩者加起來只有總產量的 2%，主要供當地人們使用。

科	屬	典型種	變種
茜草科 （Rubiaceae）	咖啡屬 （Coffea）	阿拉比卡 （Arabica）	鐵比卡（Typica） 波旁（Bourbon）
		中果咖啡 （Canephora）	羅布斯塔（Robusta）

阿拉比卡 vs 羅布斯塔

	阿拉比卡	羅布斯塔
染色體	44 條	22 條
種植高度	海拔 600-2400 公尺	海拔 0-700 公尺
氣溫	15-24℃	24-30℃
傳粉	自花授粉	異花授粉
花期	降雨後	不規律
成熟時間	6-9 個月	10-11 個月
咖啡因含量	0.6-1.4%	1.8-4%

羅布斯塔？好像沒有特別厲害……
羅布斯塔是中果咖啡中最主要用於商業生產的品種。它的香氣並不特別濃郁，最大的優點是價格不貴且容易生長，咖啡因含量也比較高。羅布斯塔通常被用來製作即溶咖啡或是自動販賣機的咖啡，在葡萄牙和義大利也會與其他咖啡豆混合沖製濃縮咖啡。

變種、混種、突變種
各種咖啡品種之間的關係，以及變種、混種的詳細說明，請參見第 138-139 頁。

咖啡的經濟價值

除了喝的咖啡，還有以咖啡為原料製成的各式產品活躍於貿易市場。

全世界咖啡總產量

99%
證券交易市場

1%
精品咖啡市場

精品咖啡市場

精品咖啡占全世界咖啡總產量的 1%，是指評分獲得 80 分以上（滿分 100）的咖啡豆。這種咖啡的價格不受證券交易影響，而是由咖啡本身的品質和獨特性來決定。生產者根據當地的風土條件來種植不同品種的咖啡樹，依照不同的咖啡豆調整烘豆時間的長短，最後由專業咖啡師來沖製咖啡；這種新興的貿易模式使咖啡的烹煮方式更進步。雖然特殊咖啡數量稀有，卻拓展出新型態的咖啡生產和飲用方法，改變了人們喝咖啡只是為了提振精神的目的，使咖啡轉變為更高級的產品，甚至可與葡萄酒相比擬。在這種條件下，人們不再是「飲用」咖啡，而是進一步地「品嚐」咖啡。

日用品市場

日用品市場屬於原料市場，阿拉比卡咖啡的主要戰場是紐約證券交易所，羅布斯塔咖啡則屬於倫敦金融交易所。隨著供需條件以及市場投機行為（證券交易人、社會保障基金等）的變化，價格也會隨之起伏。通常咖啡會依重量磅數（1 磅等於 453.59 公斤）以美金計算，價格不等，然而咖啡本身的品質和生產成本皆不列入考慮的條件。這對咖啡生產者來說造成極大的困擾，使他們難以賴以維生。為了阻止這種情況發生，近年來市場也開始採取相對應的措施，例如公平貿易，以確保咖啡農可以獲得合理的收入。

公平貿易

國際公平貿易認證

公平貿易標籤是由荷蘭 Max Havelaar 基金會於 1988 年開始推行，旨在確保以合理公平價格收購小型咖啡農生產的咖啡。要是咖啡的原物料價格波動下跌，公平貿易組織會保證市場最低收購價格，確保咖啡生產者能夠存活；這個價格是即期貨價格加 0.05 歐元（每磅）。

公平貿易的主要任務

公平貿易的三個重要發展方向：

- 穩定的最低收購價格（不限數量）
- 環保貿易（鼓勵有機生產以及無基因改造產品）
- 社會發展（群體募資設備基金）

公平貿易標籤的限制

- 個人生產無法獲得這項認證，必須以集體形式加入。
- 公平貿易標籤進軍大賣場時被要求與大廠商合作，確保能應付大量需求，但這卻違反了其成立的初衷。
- 公平貿易標籤並不等同品質保證。

咖啡的各行各業

想要喝一杯香醇的咖啡，事前可有不少準備工作！
從咖啡豆成為杯中飲，還得經歷一連串漫長的過程及轉變。

咖啡生產者

咖啡生產者與土地的關係密不可分。
農人種植咖啡樹，並在收成期摘採咖
啡果，將果實拿去日曬，再取出其中
的種子（也就是生咖啡豆）。

生咖啡豆買家

買家在各產地尋找咖啡豆並負責議
價，再將買來的生豆交給烘焙師。他
必須將咖啡豆裝袋，安排運送路線，
確保貨物順利抵達消費者所在地，才
能進行接下來的烘焙步驟。

咖啡豆烘焙師

若想讓咖啡豆釋放香氣，就必須經過加熱。在咖啡豆烘焙機加熱的過程中得同時攪拌，而烘焙師的角色就是依據各種咖啡豆的調性，執行適合的烘焙法。如今烘焙師的職責已逐漸改變，越來越多烘焙師會親自到咖啡產地挑選咖啡豆。

咖啡調理師

咖啡師是創造一杯好咖啡的最後一個環節，他不僅僅是「咖啡店的服務生」，而是對咖啡有深度了解的人；他能夠依據客人的要求以及自身的專業經驗，悉心將烘焙咖啡豆轉化成香醇的咖啡。咖啡調理師也要能為客人解說各種咖啡的差異和香味的區別，以及各式咖啡沖煮方式（高壓快速沖製，或是較溫和的慢萃法），並且推薦合適的咖啡豆供客人選購。

咖啡小字典

想進入咖啡的世界，得先了解一些相關名詞。

特級（grand cru）：指咖啡豆的等級，用來表示其高貴的風味和品質。至於該如何讓特級咖啡豆完全發揮出質感，就得靠行家來動手了。

粒徑量測：用來測量咖啡研磨顆粒的粗細和大小。

拉花藝術：用奶泡在卡布奇諾的表面上作畫的技巧。

碾碎（broyer）：在法文中經常用這個字取代「研磨」（moudre）咖啡，因為前者的動詞變化簡單多了。

咖啡調理師（barista）：對咖啡有專門研究的人，尤其是沖煮咖啡的技術以及品嚐的部分。想認識他們得到咖啡館去！

綜合或混合咖啡：將不同國家或產區的咖啡豆混合使用。

法文 **broche**（咖啡豆烘焙機的攪拌軸）這個字表示烘焙一次咖啡豆的份量。

咖啡果：咖啡樹生產的果實，裡頭包含一到兩顆咖啡種子（也就是生咖啡豆）。

烘豆：加熱咖啡豆的程序。在法文中，torréfacteur 這個字既可表示咖啡豆烘焙師，也可指烘焙生豆所使用的機器。

咖啡機（壺）：用來沖煮咖啡的機器或壺具，可見下列圖示，依照煮出來的咖啡濃淡從左至右排列。

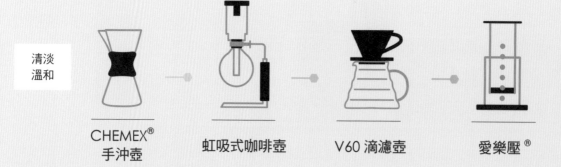

清淡溫和

CHEMEX® 手沖壺　　虹吸式咖啡壺　　V60 滴濾壺　　愛樂壓®

濃縮咖啡機的盛粉杯叫做 panier（法文意思是小籃子）。

單份濃縮（single shot）：單次萃取一杯標準濃縮咖啡的量，通常一口氣就能喝完。

天鵝頸手沖壺（kettle）：其英文原指「熱水壺」，但在咖啡的世界裡指的是一種特定的細嘴手沖壺，手沖咖啡時絕對少不了它。

慢萃法（slow brew）：手沖滴濾式咖啡，不使用高壓沖煮，與濃縮咖啡的沖煮方式剛好相反。

壓粉錘（tamper）：咖啡師沖泡濃縮咖啡時，會用這個特殊工具將填裝好的研磨咖啡粉壓平、壓實。

調整濃縮咖啡：想要萃取一杯完美的濃縮咖啡，過程中需要不斷調整沖煮條件。

我們說一杯咖啡很「乾淨」（clean），是形容咖啡液的清澈度。

杯測（cupping）：品嚐咖啡的標準方式，用來界定以及了解一杯咖啡的香氣、口感、風味等。

一爆和二爆：烘焙咖啡豆的過程中會出現兩次特別的聲響，類似爆米花的爆裂聲，那是咖啡豆銀皮裂開的聲音。

磨盤：磨豆機的研磨配備，用來碾磨咖啡豆。

研磨咖啡：已經磨成粉狀的咖啡豆。

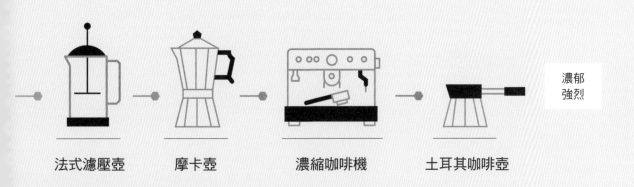

法式濾壓壺　　摩卡壺　　濃縮咖啡機　　土耳其咖啡壺

濃郁強烈

咖啡之惡

人們經常談論咖啡，有的人非常喜愛，有些人卻保留懷疑態度。
咖啡帶來的影響到底是好是壞呢？
我們將可靠的資料整理如下，供大家參考並自行判斷。

咖啡因就是**咖啡鹼**，兩者是完全相同的化合物。因語言約定俗成，咖啡鹼這個名詞留存至今，有許多人仍認為這是兩種不同的物質。

咖啡因能刺激胃酸分泌，有助消化。

咖啡有利尿和促進排便的功效。

飲用咖啡要適量！
咖啡是一種藥物嗎？答案是否定的。但習慣大量飲用咖啡的人（每天攝入超過 400 毫克的咖啡因）要是忽然停止喝咖啡，就會產生頭痛與暫時性疲勞等神經刺激的症狀，並且會持續三到五天才消失。

咖啡因只需大約五分鐘就可以抵達大腦，發生作用。咖啡因的半衰期（即身體將所攝取的咖啡因代謝至一半份量的時間）約三到五小時不等，過了這段時間之後，咖啡因所產生的作用會減半。

據說咖啡因能幫助預防特定疾病，例如減緩帕金森氏症的症狀，或是改善阿茲海默症所引發的記憶退化。咖啡中的多酚不僅具有抗氧化功能，也能降低罹患第二型糖尿病的機率。有超過六十份研究報告顯示，咖啡有助於預防特定的癌症，包括膀胱癌、口腔癌、結腸癌、食道癌、子宮癌、腦癌、皮膚癌、肝癌和乳癌等。

咖啡令人亢奮！
咖啡因是一種中樞神經興奮劑，也是世界上最被廣泛使用的提神劑，具有使人振奮甚至感到刺激的效果，讓人感覺變得較為靈敏、提升心跳頻率、改善認知功能、減輕疲勞感並減緩生理反應的時間。

如果咖啡的壞處是會染黃牙齒，那好處就是咖啡因和多酚（酚類化合物）的抗菌功效讓人比較不容易蛀牙。

要是飲用咖啡過量（每天攝入超過 400 毫克的咖啡因），或是在接近就寢時間喝咖啡，會造成**入睡困難**，甚至出現失眠的情況。過量的咖啡因也會引發心悸和焦慮症狀。

咖啡因有助於將脂肪轉化為能量，能強化體能表現，尤其是體能的持久性。正因如此，一直到 2004 年之前，世界反禁藥組織都還將咖啡因列為賽前禁藥成分。

一般來說，滴濾咖啡比濃縮咖啡含有更多的咖啡因：單杯濃縮咖啡的咖啡因含量為 47-75 毫克，而一杯（馬克杯）滴濾咖啡則含有 75-200 毫克的咖啡因。

還有其他要補充嗎？

CHAPITRE

2

沖一杯好咖啡

自己研磨咖啡

不論是用浸泡、滴濾或高壓沖製咖啡，首要條件是要有好的咖啡粉。
大家都知道，磨豆機的功用是把烘焙過的咖啡豆磨成粉；
但多數人比較不清楚的是，不同的磨豆機可以磨出不同的顆粒和質感，供各式咖啡使用。
因此，想調製出一杯完美的咖啡，磨豆機的重要性可不容小覷。

為什麼要花錢投資磨豆機？

若烘焙師會為了找出最適當的烘焙方式而採用粒徑量測，那麼使用好的磨豆機磨出最合宜的顆粒也顯得必要。不論是咖啡新手還是經驗老道的咖啡客，想要沖出一杯完美的濃縮咖啡，磨豆機絕對是不可或缺的工具。對濃縮咖啡的愛好者來說，磨豆機是一項值得的投資；喜歡滴濾咖啡的人也許對磨豆機較不為所動，然而一台好的磨豆機絕對是好咖啡的品質保證。下列是我們為什麼需要磨豆機的兩個理由。

粒徑量測：測量粉粒體顆粒大小的方法。

1 保證咖啡新鮮度

磨成粉的咖啡很難保存。在研磨過程中，咖啡豆會產生兩種化學反應：一是釋放二氧化碳（咖啡在烘焙過程中會產生許多二氧化碳），使香氣跟著被釋放出來；二是加速咖啡豆內含的油脂（咖啡醇）氧化，散發芬芳氣息，其他香味成分也必須接觸空氣才能產生作用。因此一旦開封，咖啡豆還可以放上幾天，研磨咖啡粉的保存期限嚴格來說只有幾小時。

2 保證研磨顆粒細緻度

研磨咖啡豆，最重要是根據個人喜好和沖泡條件來控制咖啡粉的顆粒細緻程度（粒徑大小）。沖泡濃縮咖啡的萃取時間和口味平衡，會受到氣溫和溼度的影響，所以咖啡調理師在一天之內必須多次調整研磨粒徑。這樣大家應該明白為什麼我們不鼓勵購買市售的咖啡粉，因為它是依照統一粒徑磨製而成的。

依照沖煮方式調整研磨粒徑

用不同的方式沖泡咖啡，需要不同顆粒粗細的咖啡粉。粉末的粒徑大小決定了咖啡萃取時間的長短；咖啡粉研磨得越細，與溶劑（通常是水）接觸的表面積就越大，咖啡中的可溶性成分也就越快被溶解。例如濃縮咖啡需要細顆粒來配合快速的沖泡時間（少於 30 秒鐘）；若用濾壓壺就必須選擇較粗的研磨顆粒，配合 4 分鐘的浸泡時間，才能避免產生苦味和咖啡渣沉澱。

各式咖啡機適合哪一種顆粒大小的咖啡粉？

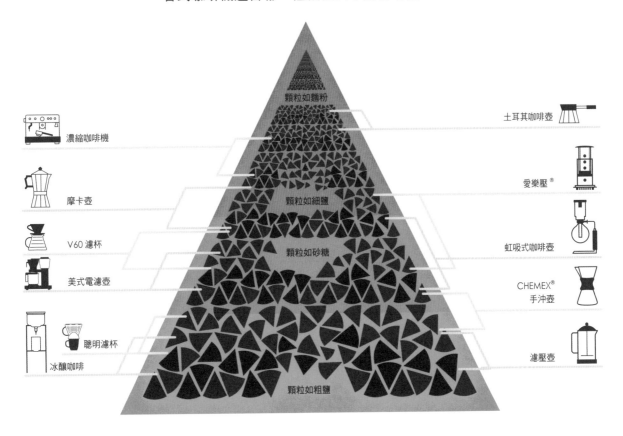

為什麼要依照沖泡方式調整研磨顆粒？不能只有一種研磨標準嗎？

除了上述理由，沖煮咖啡還有很多其他變因：

- 咖啡豆本身的差異（種類、密度、烘焙程度）
- 咖啡液的份量（沖泡水量越多，研磨顆粒就要越粗）
- 烘焙咖啡豆的保存情況（若新鮮度不足，可將咖啡豆磨成細粉來彌補）
- 天氣狀況（潮溼的天氣適合較粗的研磨顆粒）

咖啡豆研磨機

不論是傳統的手動磨豆機,還是現代化的電動磨豆機,箇中機械原理皆相同:
利用兩片刀盤,一片固定而另一片不停轉動,讓咖啡豆在刀盤之間輾壓研磨,
只要調整兩片刀盤之間的距離,便可磨出不同細緻程度的咖啡粉。

早期,手搖磨豆機是每家必備的日用品,後來成了古董愛好者的收藏品。近日因為咖啡愛好者的推廣又再次流行起來。

電動磨豆機以前都是在大型連鎖咖啡店販售,現在幾乎隨處可見。

小酒館和餐廳在傳統上皆使用義式磨豆機,來研磨沖製濃縮咖啡的咖啡粉。

手搖磨豆機

 使用:家用、攜帶外出

 研磨度:可配合濾網調整

- 不論是復古或現代化的設計,都是很好的裝飾品。
- 可選用持久耐用的陶瓷刀盤
- 袖珍小巧、攜帶方便,價格實惠,不需插電。

- 咖啡油容易附著在刀盤上
- 研磨顆粒大小無法達到均一

價格:€
滴濾咖啡　濃縮咖啡

電動磨豆機

 使用:家用

 研磨度:依型號可磨出不同程度的細粉

- 體積小
- 價格實惠

- 速度較慢

價格:€€
滴濾咖啡　濃縮咖啡

義式磨豆機(附分量器)

 使用:專業或家用

 研磨度:細緻

- 可以磨出十分細緻的顆粒
- 分量器可分配磨好的咖啡粉,並且打散結塊。

- 分量器裡殘留的咖啡粉容易走味

價格:€€€
滴濾咖啡　濃縮咖啡

這款磨豆機是為了特定客群設計，可依照每個客人的不同需求磨製咖啡粉。

由德國廠牌 Mahlkönig® 研發，可依照實際需求量磨豆，並按照設定直接將磨好的單或雙份咖啡粉出粉至濾杯中。

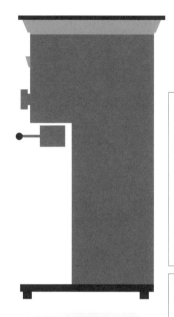

調整粒徑尺寸的兩種裝置

1️⃣ 帶卡榫的刻度轉盤：刻度越多，研磨度就越精細。

2️⃣ 持續調校，也就是所謂沒有刻度、「無段式」的研磨調校。這種調校方式可精準掌握研磨顆粒，專門用來磨製濃縮咖啡。

螺旋槳式的電動磨豆機（俗稱「砍豆機」）效果如何呢？

砍豆機的原理和廚房用的小型食物調理機一樣，不管是要絞肉或磨蔬菜末，刀片旋轉的時間越久，顆粒就越細，但溫度也會上升。這種磨豆機價格不貴，磨出來的顆粒大小不均。用這種磨豆機大概很難喝到好咖啡……

義式磨豆機（不附分量器）

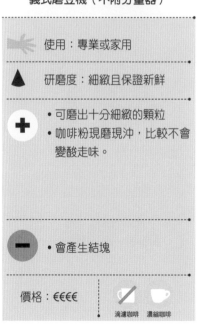

🖐 使用：專業或家用

🔺 研磨度：細緻且保證新鮮

➕
• 可磨出十分細緻的顆粒
• 咖啡粉現磨現沖，比較不會變酸走味。

➖ • 會產生結塊

價格：€€€€　🚫☕滴濾咖啡　☕濃縮咖啡

商用磨豆機

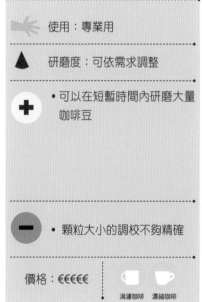

🖐 使用：專業用

🔺 研磨度：可依需求調整

➕
• 可以在短暫時間內研磨大量咖啡豆

➖ • 顆粒大小的調校不夠精確

價格：€€€€€　☕滴濾咖啡　☕濃縮咖啡

磨盤介紹

磨豆機裡附帶的刀片與螺旋槳式的刀片不同，我們稱之為磨盤。
磨盤主要分為兩類：平刀磨盤與錐形磨盤。

外型

平刀磨盤

平刀磨盤能磨出質地均勻的顆粒，使用後也只有少量咖啡粉附著於磨盤上。

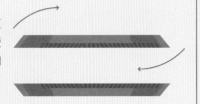

 適合家用或專業少量需求（每日少於 3 公斤），但不適合一次研磨太多咖啡粉，必須分散操作時間。

+ 研磨顆粒均勻，能保持咖啡新鮮度。

− 轉數較高（每分鐘約 1500 轉），要是使用時間太長會加熱磨盤，使咖啡粉呈現油性堆積（結塊），並造成香味大量揮發。

錐形磨盤

許多入門款的家用磨豆機（價格較便宜）都是附帶錐形磨盤。矛盾的是，若把錐形磨盤用在專業磨豆機上，低轉數會需要較強勁的馬達或齒輪傳動系統，同樣會提高磨豆機的價格。

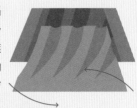

 通常供應專業大量需求（每日多於 3 公斤），控制磨粉匯流量的敏感度較高，在持續使用的情況下較能維持品質。

+ 轉數較低（每分鐘約 400 轉），可預防咖啡粉末受熱變質，沖出來的咖啡質感較好。

− 磨槽容易留下殘粉，要是沒有讓磨盤多研磨幾分鐘，出粉時粉末的新鮮度可能會大打折扣。

磨盤壽命

　　隨著使用次數頻繁、時間拉長，磨盤的刀片也會漸漸變鈍。在觀察使用狀況時，最容易發現因使用時間延長，磨盤加熱過度導致磨好的粉末產生結塊。這種咖啡粉沖泡出來的咖啡品質較差，可能是香氣較淡，或是濃縮咖啡表面的咖啡脂較少。基本上，咖啡館每年都要換一次磨盤，個人使用的磨豆機則是每二十年更換一次。

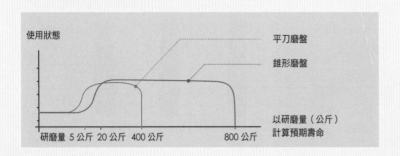

磨盤材質

陶瓷

質地硬卻容易碎，對異物（例如不小心混在咖啡豆之中的碎石）的敏感度高。

鈦鋼

優點是持久耐用不易損壞。

磨豆機的保養

咖啡豆的油脂累積起來會堵塞磨豆機，因此保養格外重要。
經常保養磨豆機，才不至使磨出來的咖啡粉走味變質。

① 儲豆槽

如何保養：海綿＋洗碗精
保養頻率：只要看到漏斗表面
有油漬或銀皮堆積就該清潔

② 主機體外殼

如何保養：用肥皂水稍微浸溼
的海綿＋超細纖維抹布，清除
主機體表面的污漬。
保養頻率：每天

③ 分量器

為什麼要清潔：剛磨好的咖啡
粉會裝在分量器內
如何保養：用專用的小刷子刷
去分量器葉片和空隙間的殘
粉；要是想更深層清潔，可以
使用吸塵器。
保養頻率：每天，甚至可以一
天清理多次。

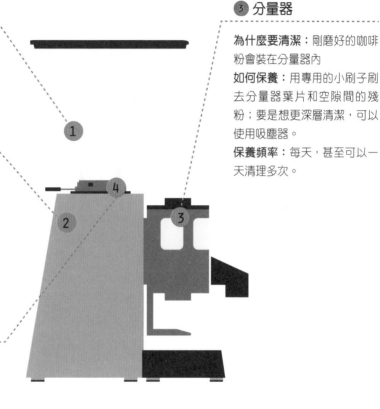

④ 研磨室

為什麼要清潔：研磨室和磨盤會累
積咖啡粉及油脂，這些殘留物會附
著在內壁上並且變質。
如何保養：用吸塵器清理出粉口和
研磨室的開口，至於深處和死角則
有兩種清理方式：

- 拆開上方固定的磨盤，深入清潔
  研磨室中心，是有效率但十分耗
  工費時的方式；但磨豆機的說明
  書通常不建議自行拆解。
- 使用磨豆機專用、做成咖啡豆顆
  粒狀的清潔錠，將清潔錠倒入儲
  豆槽中，並以一般磨豆方法操
  作。清潔錠能有效帶走咖啡餘
  粉，也能吸附殘留的油脂，達到
  清潔效果。雖然這種專用清潔錠

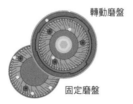

轉動磨盤

固定磨盤

解決辦法 1：將磨盤拆下清洗

解決辦法 2：使用清潔錠清洗

是中性無害，但清潔之後第一次
磨出來的咖啡粉通常還是不建議
使用。

保養頻率：每磨 25 公斤的咖啡豆
就該清理；若使用的咖啡豆烘焙程
度不同，保養週期也要跟著調整。

平淡卻重要的水

水是由氫、氧兩種化學元素所組成，卻極少以純水的形式存在，
經常還夾帶了礦物質和微量元素，而這些物質的化學特性會大大影響咖啡的口感。
因此，沖煮咖啡用的水必須符合幾項重要條件。

無論是以何種方式沖煮咖啡，水都必須能夠萃取出咖啡粉包
含的香氣，而且不能影響咖啡本身的風味。濃縮咖啡大約
88%的成分是水，而滴濾咖啡的水的比重更是高達98%。
你必須要先了解到，不是所有的水品質都是相同的。

88%的水

98%的水

沖煮咖啡的水質應該：

中性無味

不是所有的水味道都是一樣的。水的味道會隨著水中礦物質和微量元素的比例而改變，另一項變因則
是水（自來水）的氯含量。想要喝一杯好咖啡，就一定要使用純淨無味的淡水。

能帶出咖啡的香氣

礦物鹽類（鈉、鎂、鈣等）和其他微量元素影響了水的味道和萃取芳香物質的能力。當水溫到達
180℃時（壓力超過一大氣壓的情況下），就可以將水中的礦物質隔離出來。根據美國精品咖啡協會
（SCAA）的味覺測試結果，咖啡的溶解性固體總量（TDS）在 1.5% 左右時評價最好。所以如果想
沖泡出風味均衡的咖啡，就得使用溫度 180℃、每公升溶解固體含量為 150 毫克的水。

水質軟硬適中

沖泡咖啡用水最重要的部分，就是水的暫時硬度（亦稱為碳酸硬度）應界於 3-5°dH* 之間。水質的永
久硬度應該要小於暫時硬度，才能避免產生沉積物；確認水中必要礦物質的平衡，才能保證咖啡的絕
佳風味。要是水質太硬，會在加熱壺和各式咖啡機內生成水垢；要是水質太軟，暫時硬度就會失去緩
衝酸鹼值的功能，會提高咖啡機金屬部位被腐蝕的風險。

* 譯註：°dH 是德國測量
水質的硬度單位。
1°dH = 17.6ppm

簡單總結
要是水質太硬，水中的石灰質會在咖啡機裡積垢。
要是水質太軟，會燒壞鍋爐。
綜合考量下來的話，還是選水垢吧……

化學小常識

也許各位讀完前一頁的介紹，還是覺得不夠清楚？
別慌張，本頁會再簡單介紹水質硬度和酸鹼值。

為什麼水有「硬度」？

用鍋子燒開水的時候，水的暫時硬度會消失，並且會在鍋壁留下白色殘餘物質，這物質就是石灰質。所謂的石灰質就是碳酸氫鈣和碳酸氫鎂，一旦遇熱就會以碳酸鹽的形式沉澱下來。

永久硬度是指水沸騰之後，水中仍然存在的硫酸鈣（石膏）和硫酸鎂濃度。

把水的暫時硬度（KH）和永久硬度加起來，就可以得到水的總硬度（GH）；通常來自來水廠提供的水質硬度就是總硬度。

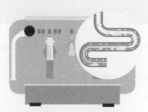

硫酸鈣基本上可以通過水管，不會造成咖啡機損壞，但會替咖啡「加味」。

水的總硬度＝
水的暫時硬度＋水的永久硬度
（計算單位：°dH）

即使水到達沸點後，硫酸鈣依然能存在於水中。

水到達沸點後，在燒水容器內壁的白色沉積物質就是碳酸鈣。

酸鹼值又是什麼呢？

酸鹼值（pH）是用來判斷液體酸鹼性質的單位，以數值 1-14 來表示。

• 鹼性 > ph7 ＝中性 > 酸性

水的酸鹼值與水中氫離子的濃度以及礦物質含量有關：礦物質越多，酸鹼值就越高；相反地，水質越軟（礦物質含量低）也就越酸。

要避免咖啡機被侵蝕，使用水的酸鹼值最好不要低於 pH 6.5。

試水質！

水質檢測可以幫助我們了解水的特性（暫時硬度及酸鹼值），現在也有義大利咖啡機製造廠商販售工具組，可在家自我檢測水質硬度。

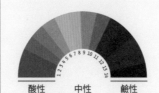

酸性　中性　鹼性

沖咖啡選用什麼樣的水？

選用適合的水，能快速且有效地改善沖泡咖啡的品質與口感。

瓶裝水

使用礦泉水或山泉水沖泡咖啡，既不省錢又不環保，唯一的好處是能掌握水的成分，用在特性相合的咖啡上。例如想沖製濃縮咖啡，就得先知道水的硬度和酸鹼值；若不是用高壓方式沖煮咖啡，對水質的要求就沒有太多限制（除非使用電動咖啡機，則會有機器保養問題）。最後，究竟該用什麼水，還是取決於個人希望嚐到的咖啡口感。

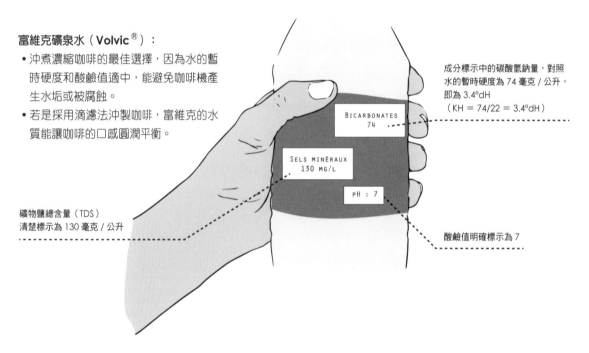

富維克礦泉水（Volvic®）：

- 沖煮濃縮咖啡的最佳選擇，因為水的暫時硬度和酸鹼值適中，能避免咖啡機產生水垢或被腐蝕。
- 若是採用滴濾法沖製咖啡，富維克的水質能讓咖啡的口感圓潤平衡。

成分標示中的碳酸氫鈉量，對照水的暫時硬度為 74 毫克 / 公升，即為 3.4°dH（KH = 74/22 = 3.4°dH）

BICARBONATES
74

SELS MINÉRAUX
130 MG/L

PH : 7

礦物鹽總含量（TDS）
清楚標示為 130 毫克 / 公升

酸鹼值明確標示為 7

蒙特卡姆礦泉水（Montcalm®）：

- 礦物質含量少，水質偏弱酸性。
- 適合手沖咖啡，能凸顯咖啡的酸味，質地也較清爽；跟富維克沖出來的咖啡相比，口感較為滑順。

不建議用來沖製濃縮咖啡

礦泉水 vs 山泉水

這兩種商業瓶裝水都受到法令的規範，指的是由地下含水層抽取或是自然湧出，未經過淨化處理的水。礦泉水中通常含有特殊成分（具有療效），水中的物質組成也十分穩定。但根據法國法律規定，礦泉水裡的礦物成分含量不一定就比山泉水多。

過濾水

要是居住地區的自來水未經妥善的處理，就必須再次過濾以改善水質。

如果自來水的暫時硬度 = 3-5°dH

使用簡單的活性碳濾網，就能有效去除水中異味（例如氯的味道）。

水＋氯

氯味

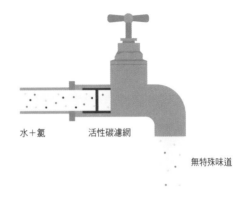

水＋氯　　活性碳濾網

無特殊味道

如果自來水的暫時硬度 >5°dH

使用淨水器設備，並加裝交換離子樹脂（軟水過濾器）
來減少水垢（水中的硫酸鈣）。

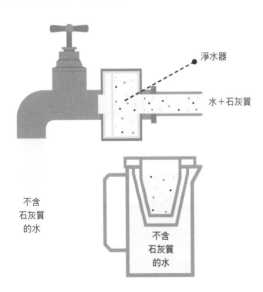

淨水器

水＋石灰質

不含
石灰質
的水

不含
石灰質
的水

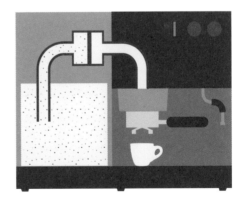

這款過濾設備有瓶狀外形，可加裝在濃縮咖啡機的儲水槽裡，或是使用濾水壺過濾也可以。

無論使用哪一種淨水設備，最好先確認過濾後的水酸鹼值不低於 pH6.5，不然可能會傷害濃縮咖啡機和其他電動咖啡機，甚至腐蝕咖啡機內部的金屬機械。

選擇咖啡杯

不管是在家裡、咖啡館還是外帶咖啡，無論是無耳杯或馬克杯，咖啡可以裝在任何容器中飲用；
然而在品嚐咖啡的最後關鍵時刻，你選擇的杯子還是會影響你對咖啡的感受。

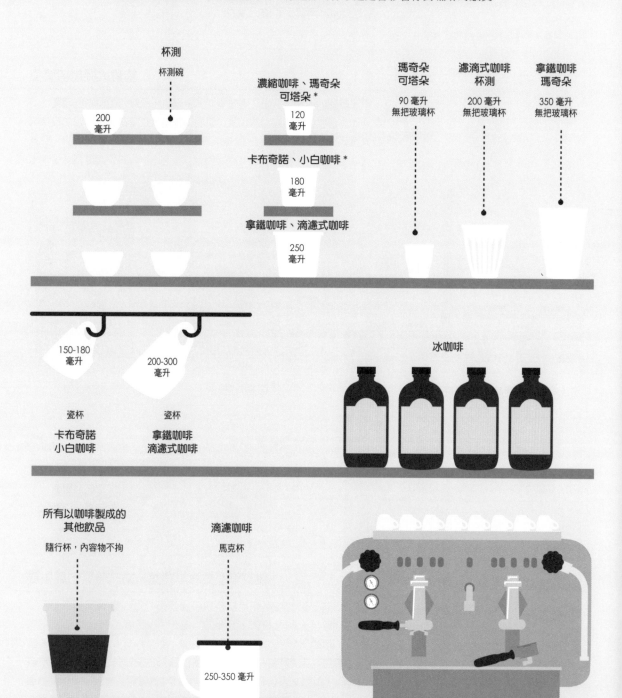

杯測

杯測碗

200
毫升

濃縮咖啡、瑪奇朵
可塔朵 *

120
毫升

卡布奇諾、小白咖啡 *

180
毫升

拿鐵咖啡、滴濾式咖啡

250
毫升

瑪奇朵
可塔朵

90 毫升
無把玻璃杯

濾滴式咖啡
杯測

200 毫升
無把玻璃杯

拿鐵咖啡
瑪奇朵

350 毫升
無把玻璃杯

150-180
毫升

200-300
毫升

瓷杯

卡布奇諾
小白咖啡

瓷杯

拿鐵咖啡
滴濾式咖啡

冰咖啡

所有以咖啡製成的
其他飲品

隨行杯，內容物不拘

滴濾咖啡

馬克杯

250-350 毫升

* 咖啡種類介紹參見第 73-75 頁

濃縮咖啡專用杯

最適合飲用濃縮咖啡的杯子，是帶手把的陶瓷小杯。
然而杯子還是得符合幾項條件，才能真正幫助釋放咖啡的香氣。

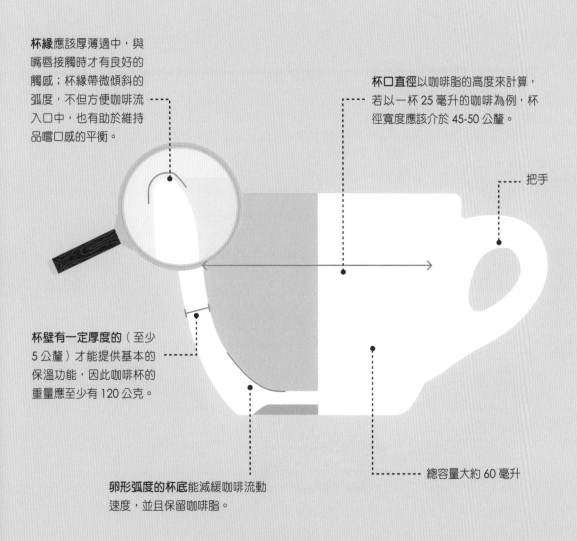

杯緣應該厚薄適中，與嘴唇接觸時才有良好的觸感；杯緣帶微傾斜的弧度，不但方便咖啡流入口中，也有助於維持品嚐口感的平衡。

杯口直徑以咖啡脂的高度來計算，若以一杯 25 毫升的咖啡為例，杯徑寬度應該介於 45-50 公釐。

把手

杯壁有一定厚度的（至少 5 公釐）才能提供基本的保溫功能，因此咖啡杯的重量應至少有 120 公克。

卵形弧度的杯底能減緩咖啡流動速度，並且保留咖啡脂。

總容量大約 60 毫升

濃郁

醇厚

糖漿質地

表面帶咖啡脂

爆發力強

高壓沖製

口感強烈

精華濃縮

11.5%
的咖啡

沖泡快速

88.5%的水

飲用迅速

30 毫升

濃縮咖啡

採用高壓沖泡的方式來萃取咖啡中的芳香物質。

水量少而時間短

　　濃縮咖啡水量少（15-60 毫升），通常裝在專用的咖啡杯裡飲用。濃縮咖啡的沖泡方式和其他咖啡不同，以高溫高壓的水流迅速沖過細緻的咖啡粉，萃取咖啡中的油脂及芳香物質；製作時間更短，成品的風味更濃厚。

份量少而口感強

　　濃縮咖啡的特色之一，就是表面浮著一層奶油狀的咖啡脂，在義大利文裡被稱為「crema」。濃縮咖啡包含了水、從極細咖啡粉中釋出的微小分子、咖啡油脂（咖啡醇）和二氧化碳，小小一杯蘊含爆發性的強烈口感，帶來不同層次的味覺感受。

濃縮咖啡的歷史

這種咖啡沖泡方式誕生於 1820 年，由法國人路易貝赫納・哈博發想，
後來被義大利人加以改良，成為大眾化的咖啡。

1820	1855	1884

法國人路易貝赫納・哈博（Louis-Bernard Rabaut）想出用蒸氣推進熱水，使水流過咖啡豆之間；咖啡豆必須經過強烈烘焙並且精緻研磨成細粉。

哈博的獨特想法由另一個法國人，埃都華・羅賽勒德松泰（Edouard Loysel de Santais）發揚光大。他在巴黎第一次舉辦的世界博覽會上展示他改良的大型咖啡機，利用靜水壓力原理*一次大量沖製多杯咖啡、茶甚至啤酒而創下紀錄。

1884 年在杜林博覽會上，義大利企業家安傑羅・莫利昂多（Angelo Moriondo）展示了他的「蒸氣咖啡機」，標榜省時又方便的咖啡沖製法而贏得銅牌。所謂的濃縮咖啡機尚未正式出現，不過莫利昂多以蒸氣咖啡機為原型，另外生產了幾台供他名下的家族旅館和餐廳使用。

經驗交換

雖然這款經典咖啡的歷史是從法國起源，後來卻是由義大利人加以改良、制定標準並且發揚光大。順帶一提，在 1855 年的同一場世界博覽會上，波爾多的六十二個葡萄酒莊首次正式被列為高級酒莊*，而葡萄酒最初卻是由羅馬人引進高盧*的……

* 譯註：「1855 年 列 級 酒 莊」（Grand Cru Classe en 1855）的酒標是一個傳奇的品質保證，唯有能長期穩定地釀製優質葡萄酒的酒莊，才能入選 1855 年列級體系。

* 譯註：法文中常用羅馬人（Romain）統稱義大利人，用高盧（Gaule）來代稱法國。

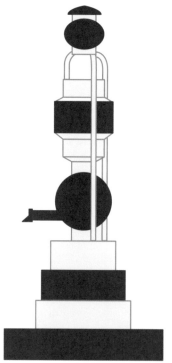

埃都華・羅賽勒德松泰發明的「儀器」
（當時的人尚未使用「咖啡機」這個稱呼）

字彙教室

法文 percolateur（原指高壓蒸氣機，現在人們用來指稱大型咖啡壺）源自英文 percolate（意指穿透、過濾），英文則是從拉丁文同義的動詞 percolare 變形而來。

濃縮咖啡的「流體靜力學」，指的是水柱所釋放出的能量重量（每 10 公尺 1 巴）所產生的萃取壓力。

* 譯註：在松泰的機器中，蒸汽不是用來推動熱水直接穿過咖啡粉，而是將熱水提到某個合適的高度，經過一個設計精巧的管道到達咖啡粉所在位置，利用熱水自身的重量而非密閉蒸汽的壓力來完成萃取。

是 EXPRESSO 還是 ESPRESSO？

「Expresso」一字應源自英文 express，有「迅速、專一」的意思；不過一些歐洲國家和法語系國家也使用「espresso」這個說法，推測應該是從義大利文 pressione 衍生而來，意指「以壓力製成」。語言發展至今，expresso 通常用來指稱一杯 60 毫升的黑咖啡*，而 espresso 指的是沖製時間較短、一杯僅 30 毫升的濃縮咖啡。

30 毫升

* 譯註：就是法國人常說的「un café」，或是一般指的「double espresso」。

1901

1947

1901 年，路易吉·貝澤拉（Luigi Bezzera）發明的咖啡機問世，命名為「Tipo Gigante」（巨型）。接著他的好友德希德洛·帕沃尼（Desidero Pavoni）以其為雛形，改良出外觀相近的「Ideal」（理想）咖啡機，不僅自備濾杯，而且可以沖製單杯咖啡，是第一台真正的濃縮咖啡機。

阿奇勒·賈吉亞（Achille Gaggia）發明的拉桿濃縮咖啡機，將萃取壓力從 1.5 巴提升到 9 巴。在這之前，濃縮咖啡的表面不曾出現過咖啡脂，原來就是因為壓力不夠的關係。

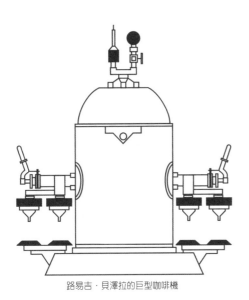

路易吉·貝澤拉的巨型咖啡機

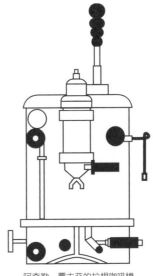

阿奇勒·賈吉亞的拉桿咖啡機

快速沖，迅速喝

濃縮咖啡的出現跟節省時間有絕對的關係。貝澤拉發明巨型濃縮咖啡機，就是為了減少員工的休息時間，讓咖啡隨點隨沖，而且可以快速喝完。畢竟喝濃縮咖啡的規矩，就是在沖好 4 分鐘內一定要喝完！

細細品味濃縮咖啡

學習欣賞濃縮咖啡，首先要輕啜入口，如品嚐美酒般品嚐咖啡，
接著再將感受到的香氣，以及香氣所引發的味覺聯想，用言詞形容出來。
品嚐過程必須聚精會神，專注在味蕾的反應與唇齒之間留下的芬芳，並一一記錄。
準備好了嗎？預備，開喝！

基本儀式

溫度

溫度是品嚐咖啡時的第一個
生理感受，最理想的溫度介
於 67-73℃之間。

準備一杯水

要完全品嚐濃縮咖啡的風味，首先必須清潔口腔（口
水中的蛋白質會延緩香味釋放，口腔太乾則會讓咖啡
的風味變質）。喝水是最簡單而有效的方法，白開水
或氣泡水都可以，但一定要喝帶有微量礦物的水；這
樣的水能讓味覺保持中性，並且使味蕾活躍。這也是
為什麼點濃縮咖啡時，店家通常會順便送上一杯水，
讓客人在飲用咖啡前先喝（而非喝完咖啡後才喝）。

加糖還是不加？

除了特定某些國家品嚐咖
啡的方式有所不同，不然
濃縮咖啡和瑞斯崔朵*或
土耳其咖啡一樣，品嚐時
基本上是不加糖的。如果
在濃縮咖啡裡加糖，那一
定是為了要平衡口感，藉
由糖的甜味來延緩苦味，
或中和太過強烈的酸味。

摩卡匙

濃縮咖啡表面那層咖啡脂含有咖啡醇成分，其
收斂效果常會讓人喝下第一口有不舒適的感
覺；一旦適應之後，舌頭就比較能享受接著入
口的咖啡，味道嚐起來也比較平衡。若不想被
影響，最好的方式是用小湯匙先將咖啡脂與咖
啡稍微攪拌混合。

杯子

咖啡可以裝在任何容器中飲用，然而最適合
品嚐濃縮咖啡的杯子，就是帶把手的陶瓷小
杯。這杯子還得符合幾項條件，才能真正幫
助釋放咖啡的香氣（參見第 37 頁）。

* 瑞斯崔朵咖啡參見第 58-59 頁

運用感官

觀察咖啡脂的變化

咖啡脂是品嚐濃縮咖啡時唯一需要用眼睛觀察的部分。咖啡脂的色澤、厚度以及虎皮斑點的外觀,都不足以評斷咖啡的品質;不過咖啡豆的新鮮度和烘焙程度,倒是很適合用咖啡脂來評分。要是事前準備得宜,沖出來的咖啡脂卻太薄、無法完整覆蓋整個表面,或是不到 4 分鐘就消失了,那極有可能是咖啡豆烘焙不足或不夠新鮮。咖啡脂雖不是濃縮咖啡的全部,卻是重要的一環。

光滑的咖啡脂呈現完美的濃縮咖啡

帶有美麗琥珀色的虎斑咖啡脂,能掩蓋風味不平衡的缺點

咖啡脂不足表示咖啡豆有問題(烘焙度、新鮮度)

聞氣味

就跟品酒一樣,嚐一口濃縮咖啡前也需要先用鼻子聞一聞,而咖啡散發出的氣味應該只能讓人有正面的聯想,例如堅果味(花生、榛果)、香料味(茴芹、肉桂)、水果味(莓果、水蜜桃)、花香味(茉莉花、玫瑰)等。如果咖啡聞起來帶著木質味、煙燻味甚至是菸草味等,通常被認為是不好的味道。

品味香氣

雖然咖啡的氣味一開始會直接進入鼻腔(乾香),但入口直到餘韻的香氣卻是由鼻後感知(溼香)。揮發性分子攜帶香氣和味道,從鼻子聞到的水果味、香料味和花香味,和在品嚐時感受到的香氣不一定完全相同。近年來精品咖啡越來越盛行,咖啡的香氣也成了品嚐的重要項目,藉由鼻後嗅覺來評定香味的組成,特殊香氣組合賦予咖啡豆不同的特徵,就跟頂級葡萄酒一樣。

細細品味濃縮咖啡

醇度

咖啡的醇度來自於沖煮咖啡的材料和咖啡液的質地。相較於手沖滴濾式咖啡，濃縮咖啡的萃取度要高出十倍。咖啡液的黏稠度也是重要指標，高壓使咖啡粉中的油脂乳化，帶來入口時的質感，讓濃縮咖啡嚐起來有濃郁、綿密、醇厚、黏膩、黏稠、溫潤、稀薄、平淡、淡薄等分別。

品嚐咖啡的口感和質地，其實是藉由口腔的觸覺與咀嚼產生的感受，經由三叉神經傳遞到大腦，是獨立於味覺之外的體驗。

濃度強的濃縮咖啡　　　　較淡而無味的濃縮咖啡

收斂性

這是咖啡所能帶來的最令人不悅的生理感受。口腔黏膜的反射收縮，會讓人有喉嚨粗糙的感覺，而咖啡的苦味和酸味反而更強化了口乾舌燥的感覺。

品嚐味道

味蕾能探測到的五種味道（甜、鹹、苦、酸、鮮）是由非揮發性化學分子傳遞，而主宰咖啡味道的分別是酸味、甜味和苦味。

探索咖啡風味

這裡要幫助各位了解咖啡的各種味道，尤其是區分酸味和苦味，
並且盡量用大家熟悉的食材舉例說明，方便理解和辨識。

苦味

人類對苦味的排斥與生俱來，加上老祖宗傳承下來的觀念，抗拒苦味是為了防止吃下有毒物質，畢竟大多數的毒藥嚐起來都是苦的。咖啡的苦味主要來自於咖啡因和葫蘆巴鹼；咖啡因是天然的殺蟲劑，葫蘆巴鹼則是從維他命 B3 分化出來的一種生物鹼。

葡萄柚

苦苣

酸味

通常咖啡一入口，很快就能感受到酸味。酸味有不同的性質，當我們品嚐咖啡時，喝到的酸味已經混合了唾液，因此酸味的口感也因人而異。

檸檬

檸檬酸通常存在於高緯度種植的咖啡豆中，是新鮮摘採的表徵。

奎寧酸的生成是由綠原酸（chlorogenic acid） 裂解而成，會引發喉嚨緊縮感。高溫烘焙咖啡豆會使綠原酸持續產生化學反應；烘焙時間越久，綠原酸含量越少，奎寧酸含量就越多。

Schweppes®
通寧汽水

蘋果酸或是帶點金屬味的酸味，是東非咖啡（蒲隆地、盧安達）的典型風味。未成熟就採收的咖啡豆也有可能會產生蘋果酸。

蘋果

磷酸和其他酸相反，屬於無機酸。肯亞變種咖啡豆 SL28 和 SL34 沖泡的咖啡具有代表性的磷酸味。

可樂

醋酸有一部分來自生豆的水洗發酵，絕大部分則是來自烘焙過程中蔗糖分子的分解。若醋酸味道過於強烈，可能會使人產生厭惡感。

醋

甜味

加糖能使咖啡嚐起來較溫和順口，並中和酸味。

咖啡有鹹味？

只有幾種特定的咖啡會帶有鹹味，例如季風咖啡（參見第 177 頁）。

口感均衡的濃縮咖啡，重點在於巧妙平衡苦味和酸味

咖啡被認定是帶有苦味的產品，隨著時間推移，濃縮咖啡的苦味會慢慢減弱，酸味慢慢提升；而咖啡中的水果香氣都存在於酸味中。酸味賦予咖啡朝氣和新鮮感，促使口水分泌，提供香味並留下餘韻。如此說來，只要不過度，酸味能為咖啡整體加分。苦味跟糖一樣，扮演著中和酸味的角色。苦味和酸味雖然相互對立，卻是均衡口感不可或缺的要素。所以口感均勻的濃縮咖啡，嚐起來應該是略帶酸味的。

品嚐鑑賞濃縮咖啡

「好」這個概念十分主觀，取決於個人的文化背景和喜好。
然而會讓人感覺愉悅、舒適的東西，往往就是「好」的。
一杯完美的濃縮咖啡要是無法引起任何共鳴，只會使人感到索然無味。
不論評鑑咖啡的既定規矩是什麼，最重要的是在品嚐的過程中感受到喜悅。

啜飲

品嚐濃縮咖啡可分成三階段：入口的前味、在口中的中味，以及喝下最後一口的餘味。每個階段可能由一個味道主宰，例如前味微酸、中味平衡、餘味略苦。有人說最後一口咖啡是「口中延續的餘味」或「餘韻」，其理想狀態是持續提供香氣，而非實質的味道。照這樣來看，每杯咖啡都有屬於自己的口感曲線圖。

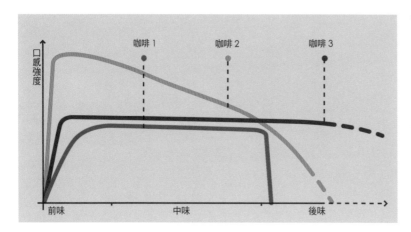

- 咖啡1：品嚐時口感漸強，但曲線最後卻突然落下，表示幾乎沒有餘韻。

- 咖啡2：前味強烈，中味和後味漸弱。

- 咖啡3：很「直白」的咖啡，沒有任何一個階段的味道特別明顯；餘味在口中不斷，持續了數分鐘。

咖啡風味

咖啡本身具備的味道，再加上個人經驗和喜好辨別出的味道，若各種風味能互相搭配協調，濃縮咖啡的口感也就越平衡。

 「好」的濃縮咖啡應該是：

完整：擁有豐富且協調的優質口感
清澈：第一印象沒有太大的缺點
溫和：溫潤順口的咖啡，帶有美妙而不過於強烈的香氣。
甘甜：柔順微酸
醇濃：在口中展現質地與層次
均衡：所有味道相互融合，呈現均勻微酸的風味。

不好的濃縮咖啡會是：

酸澀：發酸的咖啡，有令人不快的酸味。
粗糙：帶有澀味，嚐起來有粗糙口感。
木質味：濃縮咖啡中有木質味絕對不是好事，來源可歸咎於生豆的儲存或烘焙不當。
油耗味：食物變質的味道，起因於不當存放或放置過期，通常這樣的咖啡豆都有過度烘焙的問題。
苦味：苦味過度才會被認為是缺陷
老豆味：缺乏新鮮度，不但有木頭和油耗味，還帶有麻布袋的味道。

評鑑表範例

莊園名稱：薩爾瓦多拉芬妮莊園（La Fany）

品種：紅波旁

處理法：水洗後日曬

烘焙日期：2016 年 4 月 14 日

品嚐日期：2016 年 4 月 30 日

28 秒

19 公克

21公克

21公克

92.5℃

嗅覺

正評　☑ 堅果味　　柑橘味
　　　　莓果味　　植物味
　　　　熱帶水果味　花香味
　　　　核果味　　香料味

負評　　煙燻味　　木質味
　　　　草本味　　燒焦味

註記：杏仁味

香氣

正評　☑ 堅果味　　柑橘味
　　　☑ 莓果味　　植物味
　　　　熱帶水果味　花香味
　　　　核果味　　香料味

負評　　煙燻味　　木質味
　　　　草本味　　燒焦味

註記：黑醋栗、榛果味

醇度

1　　2　✗　3　　4　　5

清澈度

1　　2　　3　　4 ✗　5

平衡感

1　✗ 2　　3　　4　　5

餘韻持久度

1　　2　　3　　4 ✗　5

咖啡脂

顏色（由淺到深）

濃稠度　　　　持久度

味道

酸味

苦味　　　　甜味

整體風味

有活力的濃縮咖啡，酸味帶出新鮮口感和層次，醇度中等，餘韻持久宜人，但缺少一點平衡感。

不錯的濃縮咖啡，喝起來很順口。

認識濃縮咖啡機

基本機型

家用型咖啡機

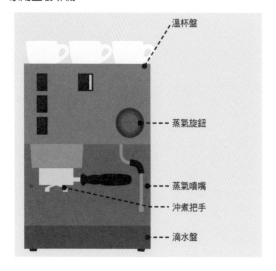

- 溫杯盤
- 蒸氣旋鈕
- 蒸氣噴嘴
- 沖煮把手
- 滴水盤

商用型咖啡機

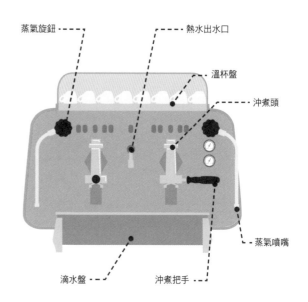

- 蒸氣旋鈕
- 熱水出水口
- 溫杯盤
- 沖煮頭
- 蒸氣噴嘴
- 滴水盤
- 沖煮把手

震……動！

大多數家用濃縮咖啡機都仰賴震動式幫浦，因此運作時機器會產生震動並發出較大的噪音。不過震動式幫浦的好處是價格較低、尺寸小，也因為這樣，濃縮咖啡機才得以普及化。

盛粉杯和沖煮把手

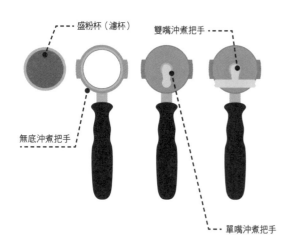

- 盛粉杯（濾杯）
- 雙嘴沖煮把手
- 無底沖煮把手
- 單嘴沖煮把手

如何沖出咖啡脂？

為一般大眾設計、容易入手的濃縮咖啡機，通常都配有增壓濾杯。跟普通盛粉杯相比，其差異在於增壓濾杯只有在底部出口處開一個小孔，技術性地以加壓取代咖啡的實際流速。這個設計免除了消費者購買磨豆機的困擾，不必再小心翼翼磨粉、配合理想壓力，也能沖出漂亮的咖啡脂。不論咖啡粉末細緻程度如何，用增壓濾杯沖煮出來的濃縮咖啡表面都能得到一層帶有大氣泡的浮沫。然而，即使外觀看起來像沖出了一層咖啡脂，這種偷吃步的品嚐結果絕對無法讓咖啡玩家心滿意足的……

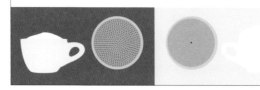

其他機型

最常見的機型,又稱為「注射機」。1961年由卡爾羅·埃爾內斯多·瓦連泰(Carlo Ernesto Valente)為 FAEMA® 設計,以 E61 之名推出。這款機型為當時的濃縮咖啡機立下了標準。

拉桿式咖啡機又稱「拉霸機」,是電動幫浦咖啡機的雛型,目前在義大利南部還很常見。

傳統濃縮咖啡機　€ €

原理:使用電動幫浦加壓導入水流,進行萃取。

適合:商用、家用

+ 優點:多用途,沖煮品質佳。

- 缺點:必須非常了解濃縮咖啡的萃取過程和細節,才能沖煮出好咖啡。

拉桿式咖啡機　€ €

原理:與腳踏車打氣幫浦的原理相同,透過咖啡師扳動拉桿的力量來產生壓力,並傳遞到(附帶彈簧的)活塞。

適合:商用、家用

+ 優點:外型漂亮,沖煮出來的雙份濃縮咖啡非常美味,使用起來無噪音(沒有電動幫浦),還可以訓練手臂肌肉!

- 缺點:不方便,也沒辦法沖煮水量較多的濃縮咖啡。

介於傳統咖啡機和膠囊咖啡機的折衷選擇,在咖啡豆的選擇上也比較自由。

為特定族群而設計。想輕輕鬆鬆就能立刻喝到品質穩定的濃縮咖啡,膠囊咖啡是不錯的選擇。近年來有越來越多餐飲業者對這種咖啡機感興趣。

自動咖啡機　€ € €

原理:機器內附磨豆機以及內建的各式設定,只要依照自己的願望按下按鈕即可。

適合:家用

+ 優點:使用容易(雖然設定組合到最後可能變得很複雜),可直接買咖啡豆來沖煮咖啡。

- 缺點:沖煮出來的咖啡品質普通(稠度不足、香味無法揮發等),穩定性不如傳統咖啡機,而且價格不便宜。

膠囊咖啡機　€

原理:預先定量分裝在膠囊裡,機器也有內建設定,只要把膠囊放進機器裡就會自動萃取咖啡。

適合:家用

+ 優點:使用簡單,品質穩定,價格較低。

- 缺點:咖啡的選擇較少,單杯咖啡成本高但品質普通,除了加水無法使用任何沖煮咖啡的技巧,而且非常不環保。

選擇適合自己的咖啡機

濃縮咖啡機的機型繁多,令人眼花撩亂,要挑選實在不容易。
所以首要考慮的條件就是:機器的性能是否符合你每天沖煮的咖啡份量,
從這一點著手就簡單清楚多了。

從麵包坊到大餐廳

　　濃縮咖啡機的沖煮頭連接鍋爐和沖煮把手,是沖製咖啡的關鍵部位。
沖煮頭的數量取決於需要沖煮咖啡的量,家用濃縮咖啡機通常僅有單一沖
煮頭,而商用咖啡機可配備最多四個沖煮頭,廠商甚至可以依照客人要
求,量身訂製咖啡機。

單沖煮頭	雙沖煮頭	三個以上沖煮頭
單日 < 1 公斤咖啡	單日 1-7 公斤咖啡	單日 > 7 公斤咖啡
適合辦公室、賣場休憩室、商店、麵包坊	適合咖啡店、小餐廳	適合小酒館、大餐廳

要是真的無法抉擇,就選半專業型咖啡機

　　為了因應大量咖啡供應而製造的營業型商用咖啡機,機身所使用
的材料通常較持久耐用。從十多年前開始,越來越多人希望能在家中
有一台具備商用咖啡機功能,但只附一個沖煮頭的濃縮咖啡機。為了
迎合大眾需求,咖啡機的製造商發展出「家用型半專業」濃縮咖啡機
(prosumer),採高耐用材料製作,機型小巧適合居家使用,亦可沖煮
出高級風味的咖啡。

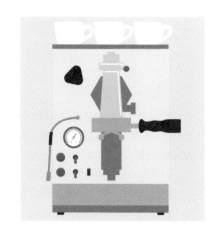

各取所愛

瓦內莎，熱愛拉花藝術的宅女

瓦內莎是咖啡愛好者，為了能在家裡練習拉花藝術，她選擇的是附帶單沖煮頭和熱交換鍋爐的半專業咖啡機。她會使用連續蒸氣，在卡布奇諾上創作稍縱即逝的拉花藝術。

裘瑟夫，熱衷風土研究

裘瑟夫醉心於世界各地不同風土所生產的咖啡，並為咖啡的多樣性深深著迷。他認為自己那台單鍋爐、單沖煮頭的咖啡機，就足以詮釋所有頂級咖啡豆的香氣差異和完整度。雖然這台機器沒有蒸氣管，對他來說也沒有影響，因為他本身不喜歡添加奶類的飲品，只有偶而為了招待客人才需要特別調製加了牛奶的咖啡。

維塔利，倫敦的咖啡師

維塔利在倫敦的咖啡館工作，該咖啡館專賣精品咖啡而出名。維塔利操作的是附帶雙沖煮頭的咖啡機，這種濃縮咖啡機必須品質穩定、溫控精準。加上英國市場對乳製飲品的需求量大，因此咖啡機要能夠釋出大量蒸氣，在密集沖煮咖啡時蒸氣量也不能減弱。

波琳和同事

波琳替辦公室購入了一台全自動咖啡機。這台機器操作簡易，供應辦公室十人每天的需求綽綽有餘，每個人還可依喜好選擇設定。咖啡機有內建磨豆機，方便又環保（不需要購買咖啡膠囊）。雖然價格較高，不過因為是公司出錢，所以對波琳來說不是問題。

依莎貝樂，替度假小屋添購咖啡機

依莎貝樂在鄉下有間度假小屋，她想買一台濃縮咖啡機放在廚房裡，但考慮到一年只會在小屋待上幾週，最後她選擇了膠囊咖啡機。咖啡機本身購入的價格不貴，之後可以順應實際需求量購入咖啡膠囊，直覺而快速的操作方式，十分適合度假的生活型態。

如何保養咖啡機？

想喝好咖啡，前提是得先把咖啡機保養好，養成按時清潔的好習慣。

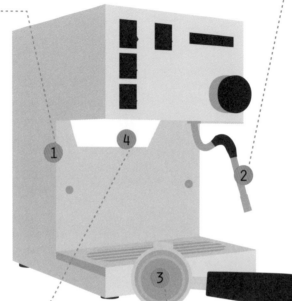

① 咖啡機外殼

清潔方式：拿海綿沾一點肥皂水清除汙漬，再用浸過熱水的超細纖維布擦拭不銹鋼的部分，讓金屬閃閃發亮，最後用乾的超細纖維布全部擦過一次，達到完美無瑕的效果。

頻率：每天

② 蒸氣噴嘴

為何需要清潔：殘餘的牛奶會附著在噴嘴上和管子內部

清潔方式：拆下蒸氣管，浸泡添加專用清潔劑的熱水（至少70℃），再用長柄刷刷洗。非拆卸式蒸氣管（或想避免拆卸）可在水壺裡加入專用清潔劑，把蒸氣管整個浸入，然後開關蒸氣旋鈕連續七次；蒸氣停止時，管內會吸入少許清潔液。以上步驟結束後再使用乾淨的水，重複同樣動作洗淨蒸氣管。

頻率：每週一次

④ 沖煮頭

為何需要清潔：萃取咖啡的過程中，會在分水網和墊圈留下殘渣。

清潔方式：不嵌入沖煮把手，直接啟動萃取模式，然後使用專門的硬刷清洗分水網和墊圈。過程中小心不要燙到手！

頻率：每天

沖煮頭出水孔

③ 沖煮把手和盛粉杯（濾杯）

快速清潔：海綿沾肥皂水清洗

深層清潔：在熱水（至少70℃）中加入專用清潔劑，拆下盛粉杯和沖煮把手浸泡30分鐘（把手的塑膠部位最好不要浸入，避免腐蝕）。

頻率：一天數次（快速清潔）或每週一次（深層清潔）

逆流系統反清洗

為何需要清潔：逆流系統可避免沖完咖啡取下沖煮把手時熱水四濺，但也會使殘餘的咖啡渣回流至沖煮頭內部，造成管道阻塞並產生餿油味，影響沖煮品質。

清潔方式：將沖煮把手換上反清洗專用無孔濾杯，倒入專用清潔劑（3-9公克）。將把手嵌入沖煮頭，按下清洗開關讓幫浦運轉5秒，然後暫停浸泡15秒；重複五次後取下把手，拆開沖洗以免清潔劑殘留。接著不使用清潔劑，重複上述步驟來洗淨內部管道。洗完機器後沖泡的第一杯咖啡通常不建議飲用。

頻率：家用每週一次，商業用每晚結束營業時清洗

倒在無孔濾杯裡的專用清潔劑

如何操作咖啡機？

所有濃縮咖啡機不論機型，操作的原理都大同小異：
先用鍋爐煮熱水（通常都是電阻加熱），然後以幫浦加壓，
讓熱水穿過磨好的咖啡粉進行萃取。

溫度 92℃ ＋ 9 巴壓力＝萃取咖啡香氣和風味的良好條件

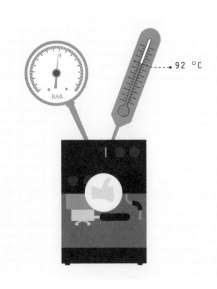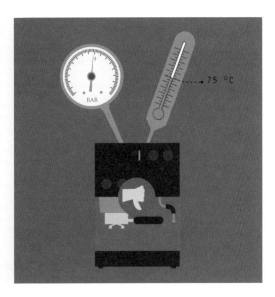

關鍵就是將溫度維持在 92℃（參見第 54-55 頁）

以技術層面來說，要維持穩定的壓力並不難，但要維持穩定的溫度可就是另一回事了——不僅在沖製單杯咖啡的時候要保持溫度一致，當連續沖煮咖啡時，上一杯和下一杯咖啡之間也要處於恆溫狀態，因為溫度的變化會造成咖啡口感的差異。

高壓＝沖煮的品質保證？

有些濃縮咖啡機的製造商會強調他們的機器以 18 巴的壓力萃取濃縮咖啡，好像這就是咖啡品質的絕對保證。沖製濃縮咖啡的最佳壓力介於 8-10 巴之間，要是壓力大於 10 巴，就有可能因過度萃取而導致咖啡偏苦。商用型濃縮咖啡機的壓力，一開始就由安裝廠商設定在 9 巴；正規的家用型咖啡機則是會裝上壓力錶，以避免幫浦加壓過強。所以記得，千萬別被廣告詞給蒙蔽了！

說實在的，到底什麼是壓力？

壓力就是指施加在物體表面的作用力，單位是「巴」（bar），等同於 1 平方公分面積承受 1 公斤的力量。在日常生活中常見到的壓力單位有大氣層內空氣的重力，也就是大氣壓力（大約是 1 巴）；水下壓力，往海平面之下深入 10 公尺，壓力就增加 1 巴；還有輪胎的胎壓（2 巴）、家用自來水的水壓（3 巴）……

濃縮咖啡機
如何保持溫度穩定？

濃縮咖啡機的鍋爐負責加熱水溫，是控制萃取溫度的關鍵。
現在的咖啡機多使用電阻加熱（瓦斯咖啡機較適合電流量不穩、無法持續供電的地區），
除此之外，還有其他技術能讓咖啡機一邊加熱熱水，一邊製造蒸氣。

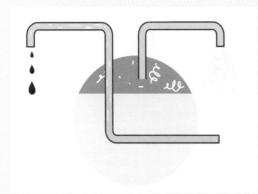

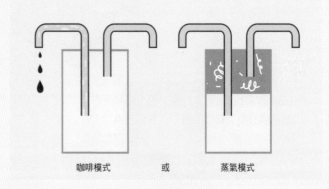

咖啡模式　　　　或　　　　蒸氣模式

熱交換鍋爐

　　1961 年，FAEMA® 的 E61 咖啡機首次安裝了熱交換鍋爐。主要是利用「隔水加熱」的原理，在大蒸氣鍋爐內將幾公升的水加熱至 130℃ 以提供蒸氣，同時加熱熱交換器。所謂的「熱交換器」就是大鍋爐內的一條水管，管子接收來自水箱的冷水，然後利用周圍的熱水將水管內的水加熱至沖製咖啡所需的溫度。

單鍋爐

　　咖啡機內只有一個鍋爐，身兼加熱水溫和製造蒸氣的工作。沖製咖啡時，鍋爐將水溫加熱至理想的 92℃；切換到蒸氣模式時，溫度會再上升 50℃ 以產生蒸氣，用來蒸煮牛奶並打出卡布奇諾所需的奶泡。

雙鍋爐

　　由知名咖啡機品牌 La Marzocco® 在 1970 年推出雙鍋爐咖啡機，是所有加熱系統之中效能最好的一種。原理是一個鍋爐專門提供沖製咖啡的熱水，另一個鍋爐負責生產蒸氣，各司其職，較不會互相影響。

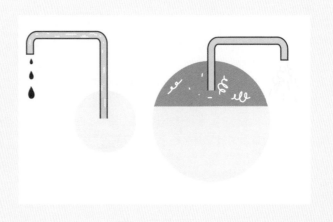

什麼是「加熱塊」？

濃縮咖啡機的熱水系統有傳統的鍋爐式，也有較新型的加熱塊式。加熱塊是附有電阻加熱的金屬塊，中間通過細小蜿蜒的水管，水一旦流過幾乎是立刻被加熱。這種技術大幅降低加熱所需時間，相較於鍋爐加熱需要30分鐘，加熱塊在 2-3 分鐘內就可以準備好。不過使用加熱塊有溫度不穩定的問題，也因此被侷限用於較陽春的家用咖啡機或膠囊咖啡機。這樣看起來，還是打消購買的念頭吧！

綜合比較

	單鍋爐	熱交換鍋爐	雙鍋爐
適合機型	家用濃縮咖啡機	半專業型咖啡機和商用咖啡機	商用咖啡機和性能更強的半專業型咖啡機
✚	• 要是設計得當、溫度恆定，萃取咖啡的效能無懈可擊。 • 造價便宜。	• 可同時沖製咖啡和提供蒸氣。 • 熱交換器儲水量少，萃取咖啡的水可藉此經常更新。	• 有兩個各自獨立的鍋爐，可同時製造蒸氣和穩定地加熱水溫。
━	• 無法在沖製濃縮咖啡的同時產生蒸氣。 • 需要蒸氣時得等上數分鐘，之後如果想接著沖煮咖啡，等鍋爐降溫又得再等上數分鐘。	• 萃取咖啡的水溫必須仰賴蒸氣鍋爐。 • 無法精準控制萃取咖啡的水溫，熱水流出沖煮頭的時候可能會出現幾度的誤差。	• 價格較高，畢竟有雙倍的零件（鍋爐、電熱器……）
註記	• 鍋爐最好選用黃銅製而不是鋁製的。 • 鍋爐容量至少要 300 毫升，熱慣性較大（溫度不易一下子就改變）。	• 熱交換器容量小，對水中的石灰質較敏感。	• 比起熱交換鍋爐，雙鍋爐裡的水比較不常更新。不過現在都市水質大幅改善，再加上濾水系統，對健康不會造成影響。

電子式溫控

在美國人大衛‧舒默（David Schomer）的推動下，這項技術在 2005 年由 La Marzocco® 商品化。舒默不僅是西雅圖 Espresso Vivace 咖啡館的創辦人，更可以說是精品咖啡的先驅。他和 La Marzocco® 針對濃縮咖啡機的鍋爐，一起研發出電子式控溫（又稱作 PID 控制器，指的是比例、積分、微分三度溫控）。這套系統不但提供更穩定的熱能，還可以透過電子面板，精確設定咖啡的萃取溫度。現在有越來越多的半自動咖啡機和商用咖啡機加裝這套系統。

向咖啡師學沖咖啡

專業的咖啡調理師一天要沖很多杯咖啡，
對於這些程序和慣用手勢再熟悉不過了。

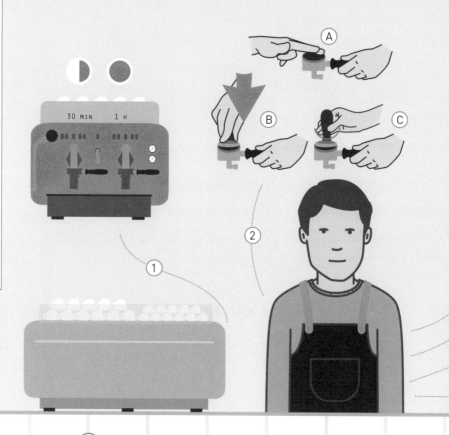

設定咖啡機的鬧鐘

某些咖啡機可以設定自動開機時間，現在也有一種小型控制器，只要直接插進電源插座，就可以讓咖啡機在一家大小起床前先自動開機。至於商用型咖啡機，通常保持待機狀態較為方便省時，因為熱機需要等上好一段時間。目前也有些咖啡機增設了休眠功能，晚上沒有使用時還會自動降溫，更節約環保。

① 熱機

濃縮咖啡機裡的所有零件都必須充分預熱，家用機至少要熱機 30 分鐘，商用機則是 1 小時。不要太信任指示燈，熱機的重點是要等水溫加熱，而不是機器。注意，沖煮把手在熱機的同時應該要裝在沖煮頭上一起加熱。同樣地，杯子也應該擺在溫杯盤上。

② 充填與壓整

Ⓐ 首先將盛粉杯（濾杯）裝進沖煮把手，用乾布拭淨，再倒入現磨的新鮮咖啡粉。接著整平粉末，用手指或工具在表面輕輕刮平，也可以輕敲沖煮把手以達到效果。

Ⓑ 先用壓粉錘輕輕壓緊咖啡粉，使表面平整。接著強壓，手臂盡量與壓粉錘保持垂直，施加約 15 公斤的重量；小心強壓過頭會使咖啡餅出現裂縫。

Ⓒ 用壓粉錘在表面輕輕地轉一圈，讓壓好的咖啡粉表面平滑。

學咖啡師使用附分量器的磨豆機

咖啡調理師不會把分量器裝滿,因為這樣容易讓咖啡粉變質。專業做法是用磨豆機磨製一次所需的咖啡粉量,接著快速一撥分量器的彈簧橫桿,用沖煮把手盛接出粉即可。

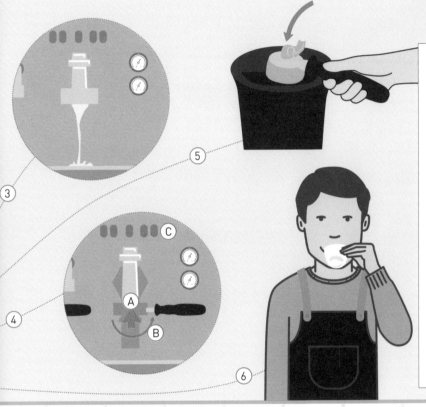

壓粉錘

壓粉錘是咖啡調理師必備的工具,握柄有不同的材料和形狀,長度也會為了適應手掌大小而做調整。錘面直徑應與盛粉杯(濾杯)相對應,專業用的標準直徑以 58 公釐最普遍。

③ 沖洗

在旋入沖煮把手之前,先開水讓水沖流過分水網(沖煮頭上像蓮蓬頭的部位)2-3 秒,這麼做能穩定萃取溫度(此方法適用於熱交換鍋爐的咖啡機),還可以先清洗前一次沖煮留下的咖啡餘粉。

④ 萃取

一旦沖煮把手鎖緊,與沖煮頭完全密合之後,最好馬上進行萃取,以免咖啡粉被過度加熱。建議萃取之前確認沖煮頭的墊圈和沖煮把手的卡榫(耳朵)都是乾淨的。

⑤ 倒粉

把萃取過的咖啡餅倒進「敲渣桶」(knockbox,咖啡渣收集桶),再用專用布清除濾杯上的殘渣。

⑥ 品嚐

煮好的濃縮咖啡最好盡快喝掉。喝完咖啡,就能開始一天的行程了!

濃縮咖啡的濃度

濃縮度、濃度、萃取率……本頁將細分這些詞彙之間的差異，
讓你一次搞懂它們到底是什麼意思。

18% - 22%

82% - 95%

5% - 18%

萃取率：沖煮咖啡時，每粒咖啡粉可萃取（可溶解於水）的比例，約 18-22%。

濃度（濃縮度）：一杯咖啡的濃度，取決於水量以及咖啡成分的比例。一般濃縮咖啡的濃度介於 5-18% 之間。

萃取率決定了濃縮咖啡的風味平衡

兩種可能搞砸的情況：

萃取不足（萃取率 <18%）
＝
風味不足，味道過酸

過度萃取（萃取率 >22%）
＝
味道太苦，甚至難以下嚥

萃取率決定了濃縮咖啡的風味強度和品嚐濃度

TDS 介於 5-8% ＝朗戈咖啡
加入更多的水，並將萃取時間延長，
得到十分清淡的濃縮咖啡。

TDS 介於 8-12% ＝經典 / 標準濃縮咖啡

TDS 介於 12-18% ＝瑞斯崔朵咖啡
減少水量，並將萃取時間縮短，
得到十分濃郁的濃縮咖啡。

TDS：水中的溶解性固體總量

簡單來說，TDS（Total Dissolved Solids）是水中的溶解性固體總量，也可以說是萃取率，就是在一杯濃縮咖啡中究竟溶入了多少咖啡萃取物質。要是對咖啡有興趣，並試著從技術層面開始來理解，不難發現大家常喝的咖啡其實都是單份濃縮咖啡*。

* 譯註：標準用 7-9 公克的
咖啡粉，萃取出 30 毫升
的濃縮咖啡。

濃縮咖啡家族

濃縮咖啡除了經典款，還有各種變化版本。
除了沖泡時間上的些微差距，沖煮方式也因人因地而有所差異。

45 毫升 帶咖啡脂	30 毫升 帶咖啡脂	15 毫升 帶咖啡脂
朗戈咖啡 LUNGO	濃縮咖啡 ESPRESSO	瑞斯崔朵咖啡 RISTRETTO

濃縮咖啡的水量越少，風味越強越濃郁。

長黑咖啡
LONG BLACK

美式咖啡
AMERICANO

長黑咖啡

喜歡喝比朗戈更淡的濃縮咖啡，又不希望咖啡過度萃取，那長黑咖啡就是最佳選擇。這種沖煮方式源自澳洲和紐西蘭，先把熱水倒入杯中，接著再倒入濃縮咖啡；如此一來不但可以稀釋咖啡濃度，同時能保留咖啡脂，維持均衡口感。

美式咖啡

美式咖啡是在萃取出濃縮咖啡後加入熱水，因為咖啡脂被稀釋了，口感跟長黑咖啡相比也就輕淡許多。美式咖啡的名稱來自二次世界大戰駐軍義大利的美國士兵，因為他們習慣在濃縮咖啡裡兌熱水飲用。

量身沖泡一杯濃縮咖啡

萃取濃縮咖啡是一回事,但能萃取出一杯細緻可口的濃縮咖啡,就又是另外一回事了。
後者需要具備咖啡相關的知識和經驗,因為各種變因都會對成果產生影響,
必須各方校正、精量,才有可能沖製出一杯完美的濃縮咖啡!

理論

　　拉桿式濃縮咖啡機的發明者阿奇勒・賈吉亞,在 1947 年為濃縮咖啡訂下了沖煮標準。其中除了研磨咖啡粉從原本的單杯 7 公克,經過多年來的修正份量略有提高,其他標準仍忠實地被保留至今,長達七十年之久!

實作

　　要用傳統咖啡機實踐濃縮咖啡的萃取標準,通常使用雙導流嘴的沖煮把手製作;若是希望用單嘴把手沖製單杯,只需要將研磨咖啡粉份量減半即可,萃取時間和萃取量不會有所改變。不過,用單嘴把手沖製出的濃縮咖啡風味不如雙嘴把手,因為咖啡機沖煮頭最初就是為了一次萃取雙杯而設計的。

影響咖啡風味的五項變因:

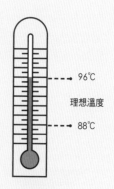

4 水的溫度

→ 96℃

理想溫度

→ 88℃

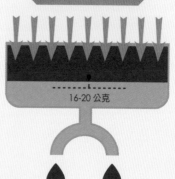

3 萃取時間
研磨咖啡粉的細緻度

20-30 秒

5 萃取壓力

9 巴壓力

8-10 公克

15-45 毫升

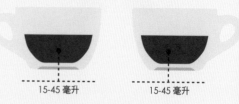

1 研磨咖啡粉的份量

16-20 公克

2 單杯萃取量

15-45 毫升　　　　15-45 毫升

① 研磨咖啡的粉量

咖啡粉的份量會影響咖啡嚐起來的強度和稠度，一旦減量就會讓濃縮咖啡平淡無味。賈吉亞最初制定了雙杯 14 公克咖啡粉的標準，經過評估和改良之後，變成 18 公克左右；這項標準也會因咖啡豆（品種、產地、烘焙程度、新鮮度）、萃取量和杯數不同，放寬為 16-20 公克的彈性空間。

平均粉量

16 公克	18 公克	20 公克
深烘焙	淺烘焙	
水量較少	水量較多	
新鮮的咖啡豆	較不新鮮的咖啡豆	

0.1 公克的精確度！

沖製濃縮咖啡需要精確的準備工作，因此咖啡粉的份量只能容忍正負 0.1 公克的誤差！量匙（7 公克）不夠準確的原因在於無法主動判斷粒徑大小，而且每種咖啡豆的密度都不盡相同，若使用電子秤就能避免上述誤差。要是使用的磨豆機沒有附帶能定時的分量器，還是有辦法設定研磨咖啡粉的份量，不過首先得調整粒徑大小才行。

② 萃取量

各種形式的濃縮咖啡，對於咖啡粉量和萃取入杯的咖啡液總量有一定比例。然而要確切量出咖啡液的份量很難，因為每次沖出來的咖啡脂厚度不一，所以改以總重量計算，1 公克約可換算成 1.5 毫升咖啡液（含咖啡脂）。

精確度 0.1 公克的小電子秤就很夠用了

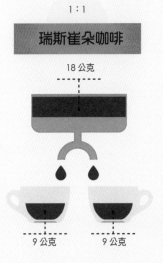

1:1

瑞斯崔朵咖啡

18 公克

9 公克　9 公克

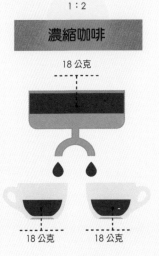

1:2

濃縮咖啡

18 公克

18 公克　18 公克

1:3

朗戈咖啡

18 公克

27 公克　27 公克

量身沖泡一杯濃縮咖啡

③ 粒徑大小與萃取時間

若希望濃縮咖啡風味均衡，萃取時間應該介於 20-30 秒，從按下萃取按鈕的那刻開始計時；咖啡液約在 5-10 秒後會從沖煮把手的導嘴流出來。

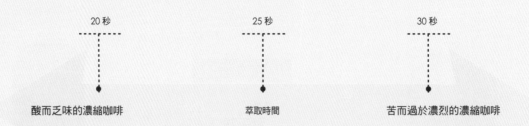

20 秒	25 秒	30 秒
酸而乏味的濃縮咖啡	萃取時間	苦而過於濃烈的濃縮咖啡

咖啡液的流速變因：

研磨咖啡粉的細緻程度（徑粒大小）
需從磨豆機調整

研磨咖啡粉的份量（公克）
需使用電子秤測量

徑粒大小的問題與解答：

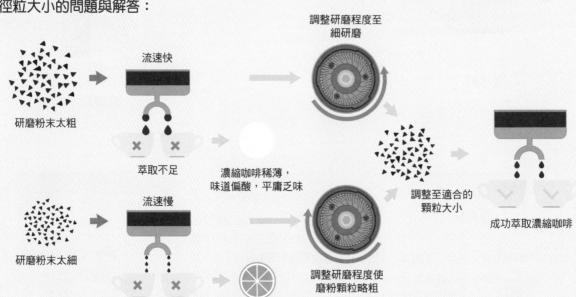

研磨粉末太粗 → 流速快 → 萃取不足 → 濃縮咖啡稀薄，味道偏酸，平庸乏味 → 調整研磨程度至細研磨

研磨粉末太細 → 流速慢 → 過度萃取香氣成分 → 濃縮咖啡味道太濃太苦，甚至造成口中收斂感 → 調整研磨程度使磨粉顆粒略粗

調整至適合的顆粒大小 → 成功萃取濃縮咖啡

④ 水溫

調整水溫可改變咖啡的萃取率，以及酸、苦味的平衡度。所謂的適當溫度取決於以下幾個變因：

- **咖啡豆的烘焙程度**：高溫較容易萃取出香氣成分，減緩淺烘焙豆的酸味；中溫萃取深烘焙豆則可以避免味道太苦。
- **咖啡豆的密度**：密度較高的咖啡豆品種如波旁種（bourbon）比較適合承受高溫，而像帕卡瑪拉（pacamara）那樣的大顆咖啡豆就很容易燒焦。
- **研磨咖啡粉量**：水溫降溫速度與咖啡粉量成正比。
- **水量**：咖啡粉接觸到的水越多，燒糊的機率就越高。

溫度穩定度

要是濃縮咖啡機的鍋爐溫度不穩定，就無法連續沖製出口味完全一樣的濃縮咖啡；這是九〇年代大家沖咖啡最在意的事。然而近年來，這項要素似乎不再這麼受到重視。無論如何，水溫會影響口感是不變的事實。就算萃取溫度上下相差不到一度，即便是品嚐咖啡的新手，都能明顯喝出味道不同。

實驗加上經驗，能更有效預測及控制萃取的水溫。

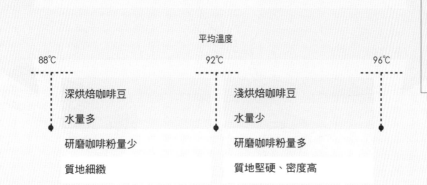

平均溫度

88℃	92℃	96℃
深烘焙咖啡豆	淺烘焙咖啡豆	
水量多	水量少	
研磨咖啡粉量少	研磨咖啡粉量多	
質地細緻	質地堅硬、密度高	

咖啡調理師的小撇步

最佳實作法

- 只要咖啡豆外包裝上沒有特別註明的，基本上就是中下品質的豆子。
- 每次沖煮咖啡只改變一項沖煮條件（例如水溫）來檢視對成果的影響，確認之後才換另一項。
- 把每次品嚐咖啡的結果和相關數值記錄下來，畢竟咖啡喝起來的口感才是最重要的。

學會讀咖啡的記號

在倒掉咖啡餅之後，濾杯裡殘留的咖啡醇是萃取度的參考指標，值得納入沖煮條件，和其他條件一起紀錄。

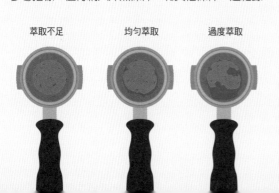

萃取不足　　均勻萃取　　過度萃取

複習濃縮咖啡的平均值

25秒

18公克

18公克

18公克

92℃

最後手段

要是嘗試過調整各項條件之後，還是覺得泡出來的咖啡太酸，有一個適用於所有濃縮咖啡機的小祕訣，那就是：不要喝最先流出來的頭幾滴咖啡。先讓咖啡滴在盛水盤裡，再用杯子盛接後面萃取出的咖啡。這個小動作能稍微減輕咖啡機餘粉的影響。

圖解濃縮咖啡

各種沖煮條件對濃縮咖啡的萃取率、濃度和口感的影響，
透過這個圖表便可一目了然。

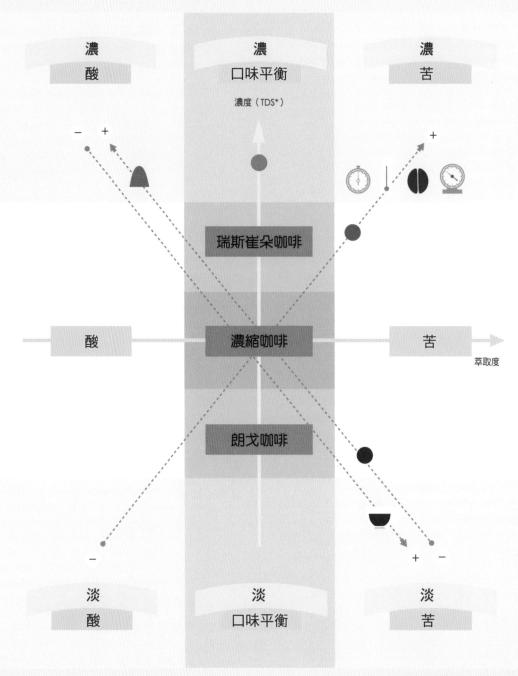

* TDS：水中溶解性固體總量，參見第 58 頁

如何使用本圖表？

- **橫軸**代表萃取度，決定了咖啡口味是酸、苦或平衡。

- **直軸**代表濃度，咖啡嚐起來是濃或淡。

- **斜軸**代表各項沖煮條件：

研磨咖啡粉量

水量

萃取時間（研磨顆粒大小）

溫度

咖啡豆烘焙程度

萃取壓力

我們可以觀察到，當研磨咖啡粉的份量增加時，水中溶解性固體的總量也會跟著上升，而萃取度會下降；反之，要是增加水量，使萃取出的咖啡液較多，則會讓咖啡口味較淡（溶解性固體總量降低）且較苦（萃取度上升）。咖啡調理師可操控的其他沖煮條件只要增加（溫度）或延長（萃取時間），就能凸顯出咖啡的濃烈風格和苦味。

平衡區域分布在中間的直線軸上，依據理想萃取濃度的不同，沖煮出來的成果應該會落在瑞斯崔朵、濃縮咖啡或朗戈咖啡之間的位置。要是其中有沖煮條件沒控制好，咖啡的口感則會落在此區域之外的八個區塊，每個區塊都有明確的風味解析。咖啡調理師可藉由這樣的圖表，調整萃取濃縮咖啡的各項條件，目的是使沖製出的濃縮咖啡能保持在風味平衡的中央區域。

舉例說明

以下的例子在左圖中以不同顏色的色點呈現，找出有問題的條件並隨色點的軸向移動至中心即可。

對於沖煮條件的掌控不佳

解決辦法：
減少萃取時間，把咖啡帶回圖表中心區域；且／或減少水量，讓咖啡退回到圖表中瑞斯崔朵的位置，就能喝到量少而濃的咖啡。

沖煮出的咖啡苦而平淡

解決辦法：
減少水量＋增加研磨咖啡粉的份量；如此一來就會回到藍軸上濃縮咖啡所在的區域。

沖煮出的咖啡口味平衡但是太濃

解決辦法：
增加水量＋減少萃取時間，使萃取率保持平衡。調整之後依比例不同，綠點自然會落在瑞斯崔朵或濃縮咖啡的位置。

為什麼我泡的咖啡不好喝？

「我自己在家試煮濃縮咖啡已經好幾個月了，換咖啡機、換豆子、換水……
各種方法我也都試過了，但都沒用！煮出來的咖啡就是不像我在咖啡館裡喝到的那樣香醇……」
各位也有這般困擾嗎？沒關係，咖啡泡不好不是天生的！
這篇要來談談咖啡泡壞的原因，還有調整及解決的辦法。

　　咖啡新手除了能感覺咖啡嚐起來味道不對，應該很難用文字確切而具體地敘述出缺點是什麼。一杯差勁的濃縮咖啡缺乏醇度，會在口中留下過度的苦味和刺激的酸味，乾澀不順口，香氣不足甚至沒有香氣，更別提令人回味不絕的餘韻……

　　咖啡的好壞沒有中間地帶，尤其是濃縮咖啡。仔細想想，它可是將最單純的原料，直接以高溫高壓快速萃取出來的精華！然而這種沖煮方法也有缺點，那就是變因太多。為了將沖煮條件的影響降至最低，你應該留意下列幾點：

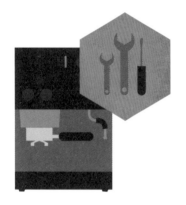

久未保養、年久失修，或本身條件就不佳的濃縮咖啡機

　　雖然濃縮咖啡機越來越普遍，但不見得每台的條件都一樣好。好機器還要有好的保養程序，尤其萬萬不可讓咖啡油漬附著在機器內部的零件上，管線也要避免水垢沉積。

濃縮咖啡機的保養，參見第 52 頁。

冷杯或不適合的杯子

　　大家都低估了盛裝容器對咖啡的影響。就跟葡萄酒和烈酒一樣，品嚐咖啡的杯子不管是形狀、尺寸、溫度或材質，都會影響我們的感官，對咖啡香氣的保存也很重要。

咖啡杯的選擇，參見第 37 頁。

未使用磨豆機

　　咖啡豆和研磨咖啡粉的不同，在於咖啡豆開封後的幾天之內，還能保留本身風味；而咖啡粉一旦接觸到空氣，快速的氧化過程會讓它在短短幾分鐘之內香氣盡失。氧化的咖啡粉絕對泡不出好咖啡，也因此磨豆機和濃縮咖啡機兩者是缺一不可。所謂的磨豆機，更精確地說是帶有磨盤的碎豆機，可現磨出細緻的咖啡粉，沖製我們最愛的濃縮咖啡。

磨豆機的選擇，參見第 28 頁。

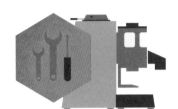

未經保養或條件不佳的磨豆機

在反覆碎豆的過程中，磨盤刀片容易磨損，還會沾附堆積咖啡的油脂（咖啡醇），時間一久，就算是新鮮的豆子經過研磨後，泡出來的咖啡也會帶有油耗味。定期保養磨豆機，就跟保養咖啡機一樣重要。

如何保養磨豆機，參見第 31 頁。

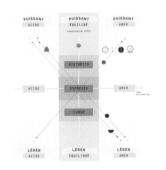

未能精準掌握萃取率

在高壓萃取咖啡的程序中，每個條件都有精確的標準，必須仔細而嚴格的執行。每一道調校的步驟對咖啡調理師來說，都是完美詮釋濃縮咖啡的藝術。這需要熟練的操作經驗，再加上幾次失敗的經驗，就能將濃縮咖啡的沖煮條件掌握得更好。

如何量身訂做一杯咖啡，參見第 60-65 頁。

咖啡豆烘焙不當

生咖啡豆經過高溫烘烤，這過程稱之為「烘焙」。若烘焙程度不足，濃縮咖啡就會平淡而帶酸味；要是過度烘焙，泡出來的咖啡就會偏苦。

烘焙對咖啡的影響，參見第 112 頁。

咖啡豆品質不佳

若咖啡樹種在風土條件不佳的土地，又缺乏細心照顧，收成的咖啡豆一定也難以令人驚豔，勉強能泡出一杯口感平衡的咖啡就算很不錯了。建議還是使用品質優良的咖啡豆，必要的話可向專家請教。

挑選咖啡豆，參見第 118 頁。

咖啡豆不新鮮或太新鮮

咖啡豆經過烘焙並密封包裝，香味和質地可保存數月，然而存放太久還是會產生油耗味。剛烘焙好的咖啡豆不適合立刻沖煮咖啡，因為烘焙過程中豆子會產生二氧化碳，可能會在萃取咖啡液中形成大氣泡。最好先等上一個星期，待豆子「排氣」之後，沖出來的濃縮咖啡不但風味更佳，也比較沒有金屬味。

咖啡豆的保存方式，參見第 122-123 頁。

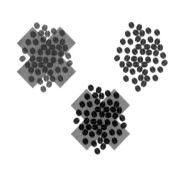

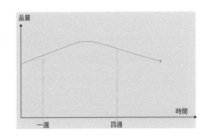

牛奶、咖啡和拉花藝術

加入牛奶的咖啡口感更溫醇圓潤，
拉花藝術則讓人在滿足味覺的同時還能大飽眼福。

奶泡

咖啡要搭配牛奶，可以利用濃縮咖啡機的蒸氣噴管讓牛奶膨脹，
一邊加熱牛奶、一邊打入空氣。打出來的奶泡應該呈現稠密、綿滑、
質地均勻，其泡沫十分微小，肉眼難以察覺。

牛奶可選用乳脂含量 3.5% 的全脂牛奶或生乳；低脂或脫脂牛奶無法打出濃密的奶泡。

使用不鏽鋼杯（導熱性佳）：
- 30 毫升鋼杯＝ 1 杯卡布奇諾
- 60 毫升鋼杯＝ 2 杯卡布奇諾

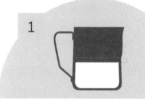

1 不論鋼杯大小，在鋼杯裡倒入約一半的牛奶（距離 V 形杯嘴底端 1 公分左右）。

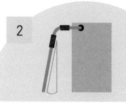

2 調整蒸氣噴管的角度，使噴嘴稍微傾斜。打開開關先噴兩下，清除噴嘴內殘餘的牛奶和水分。

3 將蒸氣噴嘴就著 V 形杯嘴放入鋼杯中，噴嘴位置在鋼杯直徑 1/4 處，淺淺沒入牛奶表面即可。持杯者一手握住杯柄，另一手放在杯底保持鋼杯平衡，並感受牛奶溫度。

4 第一步：釋放蒸氣，打入空氣，使牛奶開始膨脹。這時會聽到具代表性的嘶嘶聲。

第二步：讓蒸氣噴嘴往下深入一點，蒸氣發出的聲音會隨奶泡增加而變小。這個步驟是藉由壓力在牛奶中造成漩渦，使奶泡質地均勻一致，並加熱牛奶至 60-65℃（扶杯子的手只要一感覺到燙就馬上移開）。

5 打好奶泡之後，鋼杯輕敲桌面幾下可讓大泡泡消失；接著搖晃鋼杯，使牛奶充分旋轉至表面產生光亮效果。奶泡的質地應該要像液態鮮奶油一般柔順光滑。

6 拿專用布清潔蒸氣噴管，釋放蒸氣幾秒以清除管內殘留的牛奶。

小提醒

打出來的奶泡太厚？那是因為在第一階段打進太多空氣。奶泡不足，像加熱過的牛奶？那是第一階段牛奶發出嘶嘶聲的過程不夠久（打入的空氣不足）。

倒牛奶的技巧

要在事先沖煮好的濃縮咖啡上做出奶泡拉花，可是需要特殊技巧的！牛奶必須沉入咖啡下層，將上層的咖啡脂撐開來；如此一來，即使加了牛奶，第一口喝到的仍是咖啡的味道。

咖啡杯保持傾斜，鋼杯拿在杯子上方 5-10 公分（拉高），往咖啡杯中心倒牛奶。要是奶泡打發得當，應該會穿透咖啡而不是留在表面。

咖啡杯約 2/3 滿時，慢慢把咖啡杯扶正；鋼杯仍然保持傾斜並快速降低，讓杯嘴貼近咖啡表面；輕轉手腕，讓咖啡杯順時針旋轉，使咖啡和牛奶充分融合。

繼續往咖啡杯裡倒奶泡，此時流速減緩，直到中央開始形成白點再將鋼杯拉正，停止倒奶。

一杯好喝的卡布奇諾，即使加了牛奶，仍能嚐出咖啡本身的風味。要是表面的奶泡層太薄，那就是降下鋼杯的時間太晚；反之亦然。

完美的奶泡
想確認奶泡份量是否足夠，可用湯匙背面測試：以湯匙背面撩開奶泡，奶泡至少要有 1 公分厚，質地濃稠而且有彈性。

心形拉花

這是卡布奇諾的經典拉花形狀之一，非常簡單就能上手。

開始的動作如同前頁所述步驟①-②；當鋼杯降低時，輕輕轉動手腕旋轉鋼杯，持續倒入牛奶近滿杯，直到看見咖啡杯中心出現白點。

接近滿杯時，鋼杯稍微拉直，倒出如細線的奶柱，然後一口氣切過杯中的圓（鋼杯向前推）收尾便成心形。

在步驟①在看到出現白點之後，將鋼杯左右搖晃呈 Z 字形，持續以穩定流量倒牛奶。最後收尾動作與步驟②同，就能做出漸層心形的拉花。

鬱金香拉花

做鬱金香拉花必須分幾次倒奶泡，需要較高的靈活度。

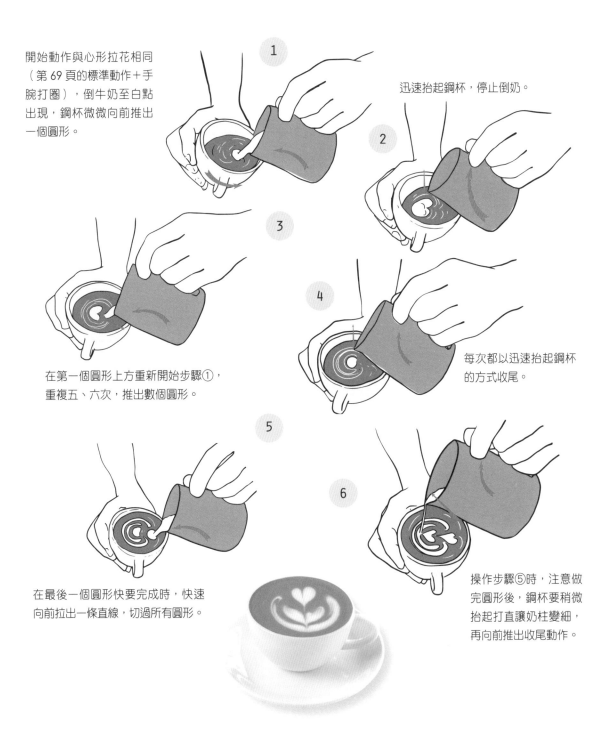

開始動作與心形拉花相同（第 69 頁的標準動作＋手腕打圈），倒牛奶至白點出現，鋼杯微微向前推出一個圓形。

迅速抬起鋼杯，停止倒奶。

在第一個圓形上方重新開始步驟①，重複五、六次，推出數個圓形。

每次都以迅速抬起鋼杯的方式收尾。

在最後一個圓形快要完成時，快速向前拉出一條直線，切過所有圓形。

操作步驟⑤時，注意做完圓形後，鋼杯要稍微抬起打直讓奶柱變細，再向前推出收尾動作。

蕨葉拉花

蕨葉是基礎拉花造型中最難的一個，得先打出完美的奶泡，
再來就是靈活的技巧……這可得花時間好好練習！

開始動作與心形拉花相同
（第 69 頁的標準動作＋手
腕打圈），倒入奶柱至白點
出現。降低鋼杯，再以左右
搖晃成 Z 字形的方式，以緩
慢穩定的流量倒牛奶，同時
漸漸把原本傾斜的咖啡杯打
正，蕨葉的葉片就會自然地
在咖啡杯裡成形。

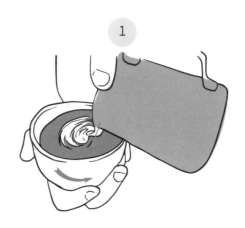

繼續做 Z 字形的動作，把鋼杯往後拉做出葉頂。

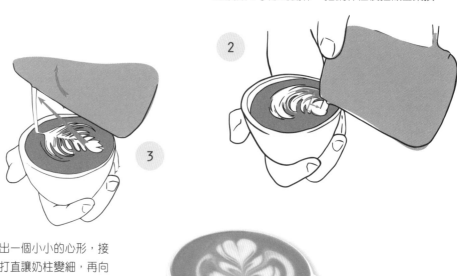

在葉頂稍微停頓做出一個小小的心形，接
著把鋼杯快速抬起打直讓奶柱變細，再向
前推出一條直線做出葉莖收尾。

卡布奇諾家族

在搭配牛奶的咖啡飲品中，最具代表性的就是卡布奇諾。它有牛奶滑順的質感，也保有咖啡複雜的香氣，變化版的卡布奇諾（加入焦糖、巧克力等）讓它變得更平易近人。

卡布奇諾（cappuccino）這個名字源自義大利，據說是因為咖啡的顏色像方濟會修士馬可·阿維亞諾（Marco d' Aviano）的斗篷，他在 1683 年調製出第一杯卡布奇諾。

150-180 毫升的咖啡杯

1 取一個咖啡杯，萃取標準單份濃縮咖啡（15-45 毫升）。
2 用容量 300 毫升的鋼杯將 150 毫升的牛奶打出奶泡。相較於家族中其他成員，卡布奇諾的奶泡最厚實且略粗。
3 把牛奶倒入濃縮咖啡即完成。

巧克力？加還是不加？

傳統的卡布奇諾只有咖啡和牛奶，你也可以加入濃郁的巧克力或可可粉，增添風味。要是想做拉花，倒奶泡之前先撒上巧克力粉。

小白咖啡（Flat white）

小白咖啡源自澳洲和紐西蘭，又稱為澳式白咖啡，是奶泡較薄的卡布奇諾，通常以雙份濃縮咖啡製作，咖啡風味更濃厚。

180 毫升的咖啡杯

1 取一個咖啡杯，萃取雙份濃縮咖啡。
2 用容量 300 毫升的鋼杯將 150 毫升的牛奶打出奶泡。與卡布奇諾的奶泡相比，小白咖啡的泡沫量較少；調整蒸氣噴管的位置，以便打出較無空氣感且更細密的泡沫質感。
3 把牛奶倒入濃縮咖啡即完成。

寶貝奇諾（Babyccino）

寶貝奇諾不含咖啡，只有奶泡和牛奶，主要是給小朋友喝的。九〇年代發源自澳洲和紐西蘭，因為客人會帶孩子一起上咖啡館，遂而產生這款飲品。

200 毫升的無把玻璃杯

1 用容量 300 毫升的鋼杯將 150 毫升的牛奶打出奶泡（與製作卡布奇諾相比，加熱程度較低）。
2 將熱好的牛奶倒入杯中。
3 撒上可可粉即完成。

拿鐵咖啡（Caffè latte）

義大利文為 caffè latte，英語系國家則直接稱之為 latte（拿鐵）。與小白咖啡相似，但份量比較大杯，牛奶的比例也多一些。

200-300 毫升的咖啡杯

1 取一個咖啡杯，萃取標準單份或雙份濃縮咖啡。
2 用容量 600 毫升的鋼杯將 250 毫升的牛奶打出奶泡。與卡布奇諾的奶泡相比，拿鐵咖啡的泡沫量較少；調整蒸氣噴管的位置，以便打出較無空氣感且更綿軟的泡沫質感。
3 把牛奶倒入濃縮咖啡即完成。

拿鐵瑪奇朵（Latte macchiato）

拿鐵咖啡的變化版，作法是把濃縮咖啡倒入奶泡中，用透明大杯裝盛才能看見顏色的層次。

350 毫升的無把玻璃杯

1 用容量 600 毫升的鋼杯將 250-300 毫升的牛奶打出奶泡；調整蒸氣噴管的位置，以便在奶泡中打入較多空氣。把打好的奶泡倒進玻璃杯裡。
2 取一個容量約 100 毫升的小鋼杯或咖啡瓷杯，萃取單份濃縮咖啡。
3 慢慢把濃縮咖啡倒入玻璃杯中：由於各種液體密度不同，可以看見層次的變化。

瑪奇朵（Macchiato）

Macchiato 在義大利文中的原意是「染色的」，指用一湯匙的奶泡來替濃縮咖啡上色。

90 毫升的無把玻璃杯

1 取一個無把玻璃杯，萃取單份濃縮咖啡。
2 用小容量的鋼杯將少量牛奶打出奶泡。
3 在濃縮咖啡上加一至兩匙奶泡即完成。

可塔朵（Cortado）

Cortado 源自西班牙動詞 cortar，意思就像是用牛奶「切入」濃縮咖啡中。現代做法則是加入蒸煮的奶泡，就像是小份的卡布奇諾，咖啡風味更濃（2/3 咖啡、1/3 牛奶）。

90 毫升的無把玻璃杯

1 取一個無把玻璃杯，萃取單份濃縮咖啡。
2 用容量 300 毫升的鋼杯將少量牛奶打出奶泡。
3 把牛奶倒入濃縮咖啡即完成。

阿芙佳朵（Affogato）

介於冰與熱、咖啡與甜點之間，簡單地說就是濃縮咖啡冰淇淋！

200 毫升的咖啡杯

1 取一個咖啡杯，挖一球香草冰淇淋放進杯子裡。
2 直接用裝著冰淇淋的咖啡杯萃取雙份濃縮咖啡。

咖啡歐蕾（Café au lait）

許多人年輕的時候，應該都讀過普魯斯特如何敘述瑪德蓮，因此選擇咖啡歐蕾做為他的咖啡啟蒙。咖啡歐蕾之於法國人，就如同卡布奇諾之於義大利人一樣經典。

500 毫升的碗

1 沖煮 200 毫升的滴濾式咖啡，建議使用法式濾壓壺。
2 用長柄鍋小火加熱牛奶；如果有濃縮咖啡機也可以利用蒸氣噴管，將牛奶加熱至 65℃左右。
3 把咖啡和牛奶同時倒入碗中即完成。

愛爾蘭咖啡（Irish Coffee）

愛爾蘭威士忌清爽的果味，與咖啡調和口感絕佳。加一層冰涼的鮮奶油，不要攪拌，這樣喝下去就對了！

200 毫升的高腳玻璃杯

1 用濾壓壺沖煮 100 毫升的滴濾式咖啡。
2 在 40 毫升的威士忌中加入 2 小匙紅糖，隔水加熱至糖完全溶解。
3 把咖啡倒入高腳杯中（杯子最好先過熱水，避免忽然接觸高溫破裂），再加入威士忌糖漿。
4 輕輕打發液態鮮奶油，小心地用湯匙背面將打好的鮮奶油鋪在咖啡表面。

卡布奇諾冰沙（Cappuccino frappé）

用冰塊和咖啡隨性做出的清涼卡布奇諾版。

200 毫升的無把玻璃杯

1 用容量 300 毫升的鋼杯將 150 毫升的牛奶打出奶泡，倒入單份濃縮咖啡（15-45 毫升）中。
2 在容量 100 毫升的小壺裡倒入 15 公克的蔗糖漿。
3 在手搖杯裡加入 80 公克的冰塊，再倒入準備好的卡布奇諾和糖漿，迅速用力搖晃 30 秒。
4 濾掉冰塊，把混合的咖啡倒入玻璃杯即完成。

優雅

水量多

香氣十足

不加牛奶

細緻

不需加壓沖煮

口感輕盈

1.5%的咖啡

98.5%的水

清爽

沖泡時間較久

適合慢慢品嚐

超過 200 毫升

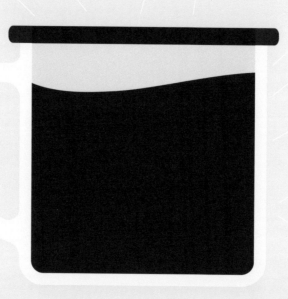

滴濾式咖啡

要沖製正統濃縮咖啡只有一種方法，但滴濾式咖啡可就不一樣了。

滴濾式咖啡的萃取可分為兩個原則：浸泡或滴濾。

相較於濃縮咖啡高壓快速的製作過程，沖泡滴濾式咖啡的方法被稱為「慢萃法」（slow brew）。

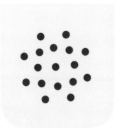

浸泡法

在一個容器裡倒入研磨咖啡粉和熱水，使兩者均勻混合並等待一段時間（視沖泡工具等待 1-4 分鐘不等），最後再將粉末與咖啡液分離，以便飲用。這種萃取方法不僅簡單，而且讓咖啡顆粒在水中充分而均勻地浸泡，不需要高明的技巧就能得到口感與質地均勻的咖啡。

滴濾法

在濾杯裡倒入研磨咖啡粉，再注入熱水，利用過濾的方式來萃取咖啡。包含了香氣、油脂等各種分子的咖啡液因重力滴入濾杯下方的容器中，浸溼的咖啡粉則留在上方的濾杯裡。使用浸泡法時，咖啡粉接觸熱水的時間很好掌控；滴濾法則相反，口味與口感皆仰賴熱水注入濾杯的速度以及咖啡粉的研磨度。若希望沖出質地均勻的咖啡，研磨出來的咖啡粉也必須顆粒均勻一致才行。

沖泡滴濾式咖啡必須注意的關鍵因素

萃取時間
4分鐘

研磨咖啡粉的
顆粒粗細

14克

咖啡粉份量

1杯

杯數

200
毫升

水量

手沖滴濾式咖啡需要哪些器具？

不論用浸泡法還是滴濾法都一定會需要，
咖啡豆（研磨成粉）、水（通常都是熱水）和其他幾項器具，
以及一個合適的咖啡壺。

磨豆機
（參見第 28-31 頁）

電子秤

跟製作糕點一樣，電子秤是沖煮滴濾式
咖啡時不可或缺的器具。用量匙或用體
積計算水量（水的體積會因溫度改變而
產生變化）都不夠精確，連杯帶粉上秤
才能確實量出咖啡粉的份量和實際需要
的水量。你需要精確度至 0.1 公克的電
子秤，秤的表面最好夠大，方便放置咖
啡杯或壺。

計時器

刮鏟、攪拌棒

熱水壺

咖啡杯、馬克杯、
平底玻璃杯
（參見第 36-37 頁）

水
（參見第 32-35 頁）

不管使用哪種咖啡壺，沖煮咖啡的水至
少要符合新鮮和過濾兩項條件。若條件
許可，使用電濾壺時建議選用富維克礦
泉水（避免水垢和氧化），其他壺具可
用蒙特卡姆礦泉水。

過濾器材
（參見第 84-85 頁）

有濾紙、濾布或金屬濾網，形狀
分成圓形或三角錐形，適用於虹
吸式咖啡壺或 V60 濾杯等。

必備器具：天鵝頸手沖壺

　　沒有「熱水壺」，就不可能沖出好的滴濾咖啡。所謂熱水壺指的是一種特殊的細嘴手沖壺，壺嘴有如天鵝頸般細長。這種細嘴壺控制水流量的功能優於一般熱水壺，有助於沖出質地均勻的咖啡。Hario® 和 Bonavita® 兩個品牌都有推出很棒的手沖壺，後者甚至還出了一款溫控手沖壺，正負溫差僅在 1℃ 以內。

水流限制器

　　如果想要水流量更精準穩定，可以在手沖壺內的出水處加裝減流器。這個小工具在使用 V60 濾杯沖煮咖啡時格外方便，上網也很容易買到。

尋找理想的手沖咖啡器具

口感醇厚

濾壓壺

愛樂壓®

卡莉塔
波浪濾杯

聰明濾杯

V60 濾杯

虹吸式咖啡壺

Chemex® 手沖壺

香氣分明

細細品味滴濾咖啡

滴濾式咖啡和濃縮咖啡一樣值得好好品味,並且依照指標評分。
長久以來,滴濾式咖啡被認為是檔次較低的咖啡,
如今手沖咖啡日漸流行起來,也算是獲得平反。

基本儀式

滴濾式咖啡不論在手沖技巧或是器具價格方面,
都比濃縮咖啡要來得平易近人。不過還是得依循
一定的手法,才能沖出耐得住細細品味的滴濾式
咖啡。

溫度

好喝的滴濾式咖啡可以隨著溫度的變化,品
嚐到不同的滋味。

≥ 70℃:水溫較高,香氣還無法完全散發,
僅聞得到部分香味。

60℃:咖啡的酸度和水果味逐漸浮現

40℃:清爽的餘韻在口中持久而芬芳

25℃:如果是品質絕佳的咖啡,即使涼了也
有好滋味。

加糖或不加？

沖煮得宜的滴濾式咖啡可以嚐出高雅細緻的層次，因此不需要加糖。相對地，若是品質差或沖不好的滴濾式咖啡，嚐起來苦澀難以入口、口感不足，加一點糖反而能中和整體口味，使風味平衡。

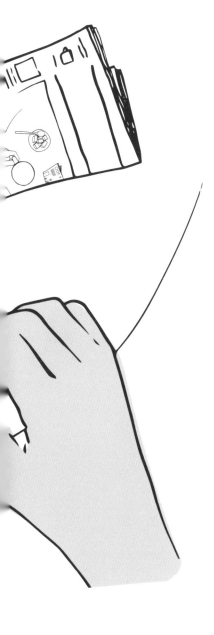

運用感官

觀察顏色

和濃縮咖啡相比，杯子的品質和種類對於品嚐滴濾式咖啡的影響不大。用玻璃杯或透明馬克杯可以觀察咖啡的顏色，從顏色也可以判斷咖啡豆的烘焙程度。

- 深烘焙咖啡豆：沖出來的咖啡顏色是接近黑色的深褐色。
- 淺烘焙咖啡豆：沖出來的咖啡表面邊緣會帶有一圈淺褐色接近紅色的「咖啡裙邊」。

聞氣味

滴濾式咖啡應該會散發出宜人香氣，具有水果、花香或堅果等調性。如果聞到其他種類的味道，多半算不上是令人愉悅的好氣味。

品嚐味道

五味之中最能代表滴濾式咖啡的就是酸味。清爽的酸味帶來新鮮口感，再加上果香，讓咖啡層次分明。但要是咖啡的天然酸味層次太過強烈，也可能變成令人感到不舒服（奎寧酸會使咖啡產生收斂性，還有令人反胃的醋酸味，參見第45頁）。

香氣

滴濾式咖啡的香味層次範圍比濃縮咖啡更廣，可分成花香、水果香、草本香、堅果味、焦糖味、巧克力味、藥用植物味、香料味和菸草味。從口腔內的鼻後嗅覺所聞到的溼香，加上直接經由鼻子聞到的乾香，使咖啡香氣更完整；但鼻前鼻後聞到的氣味不一定一致就是了（參見第 42-47 頁）。

醇厚度

濃縮咖啡比滴濾式咖啡「濃」十倍*，因此醇度的比較概念也大不相同。滴濾式咖啡的厚度來自於不溶物質，經水沖泡後仍懸浮在咖啡液中（沉澱物和油脂），賦予咖啡厚度。醇度是指咖啡與舌頭接觸時的觸感，可以是滑順、厚重、平淡、稀薄甚至淡薄如水。且不論口感強烈與否，咖啡入口時都該要讓人感到愉悅才對。

整體風味

滴濾式咖啡不像濃縮咖啡那樣濃烈黏稠，從外觀上就能看出來。它的特色是細膩精緻，有合宜的酸、恰到好處的醇，再加上撲鼻的香氣，在唇齒間餘韻繚繞。品味滴濾式咖啡好比一趟緩慢綿長的旅程，沿途的無限美景暗藏風情萬種的細節，叫人深深著迷。

什麼是「完整的咖啡」？

一杯完整的咖啡，可以隨著不同的溫度散發出不同的宜人香氣（花香、果香、香料等），一次帶給品嚐者多重卻平衡的感官經驗（嚐起來圓潤，或是酸中帶甜等口感）。

* 譯註：這裡指的是水量的多寡。滴濾式咖啡水量較多，不管口感或外觀比較起來都相對地淡，但不表示濃縮咖啡的咖啡因含量高出十倍。

評鑑表範例

莊園名稱：肯亞坎瓦吉處理廠（Kamwangi），咖啡豆等級 AA

品種：SL28、SL34、K7、魯伊魯 11

處理法：水洗

烘焙日期：2016 年 3 月 15 日

品嚐日期：2016 年 3 月 25 日

咖啡壺：V60

15 公克 → 250 公克

3 分鐘

93℃

嗅覺

正評			
✓	堅果味		柑橘味
	莓果味		植物味
	熱帶水果味	✓	花香味
	核果味		香料味

負評			
	煙燻味		木質味
	草本味		燒焦味

註記：蜂蜜味、果醬味

香氣

正評			
✓	堅果味		柑橘味
✓	莓果味		植物味
	熱帶水果味		花香味
	核果味		香料味

負評			
	煙燻味		木質味
	草本味		燒焦味

註記：黑醋栗、醋栗、杏仁糕

酸味

1　2　3　**4**（X）5

順口

1　**2**（X）3　4　5

香氣強度

豐富濃郁

X

單調薄弱

醇度

1　**2**（X）3　4　5

平衡感

1　2　3　**4**（X）5

清澈度

1　2　3　**4**（X）5

餘韻持久度

1　2　**3**（X）4　5

整體風味

聞起來很香，優雅溫和的酸味，醇度中等，香氣直接，杯中無雜質，是來自肯亞的好咖啡。

過濾咖啡的工具

在滴濾式咖啡的製作過程中，研磨咖啡粉會和熱水有直接的接觸，
必須藉由濾紙將萃取出的咖啡液和粉渣分離。

濾紙

1908 年由 Melitta® 發明，到了今日儼然已成為使用最廣泛的過濾器具。濾紙分成原色和漂白紙張；建議使用漂白紙張，因為原色紙張本身味道較濃。

 優點：

可網羅咖啡中所有不溶物質和大部分的咖啡油脂，過濾效果佳，入杯的咖啡液清澈乾淨，香氣也較明顯。此外它的價格便宜，而且很容易就能買到。

 缺點：

每張濾紙只能使用一次，而且有些濾紙紙張味較濃，使用之前可能需要沖一下，才不會影響咖啡的風味。

濾布

濾布是濾紙的前身，使用布料（特別是棉布）製成。濾布過濾的咖啡液不僅澄淨，口感也比濾紙過濾的咖啡好。

 優點：

能網羅咖啡中許多不溶物質，並且讓部分咖啡油脂通過，所以用濾布過濾的咖啡比較香醇濃郁。可以重複使用。

缺點：

每次用完後都必須清洗，而且儲存方式得將乾淨的濾布放入裝了清水的密閉容器，置於冰箱冷藏。如果不這麼做的話，不潔的濾布在沖煮咖啡時會散發出難聞的味道，影響咖啡品質。

金屬濾網

　　跟濃縮咖啡機使用的盛粉杯（濾杯）雷同，沖煮滴濾式咖啡也能使用金屬濾網過濾。濾網上有很多直徑固定的小洞，方便讓咖啡液流過，但咖啡中的不溶物質、殘渣和油脂也有可能從小洞中穿過。

 優點：

清洗容易，不需特殊的存放方式，可重複使用。使用金屬濾網過濾出的咖啡質地更加醇厚濃濁。

 缺點：

與其他過濾方式相比，咖啡香氣較不顯著。

與各式咖啡壺的搭配使用表

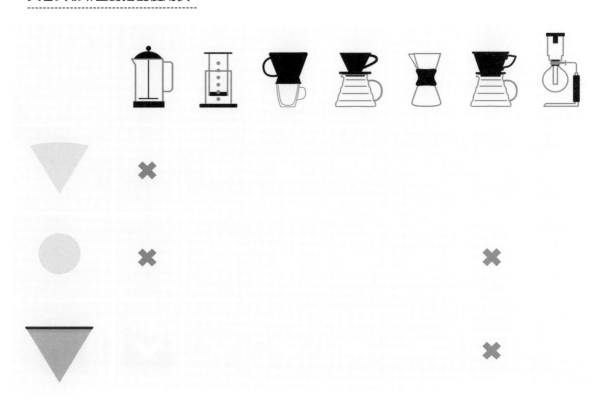

濾壓壺

濾壓壺的英文叫做「法式濾壓壺」（French press），
不僅操作最簡單，也是在法國使用最廣泛的咖啡壺。

| 浸泡 | 4 分鐘 | 1 杯 | 200 毫升 | 14 公克 | 研磨顆粒（參見第 27 頁） |

濾壓壺絕對是最簡單的咖啡沖泡方式，泡出來的咖啡風味濃郁，也比其他方法泡出來的咖啡質感更溫順。唯一的缺點就是咖啡液裡會帶點殘渣。

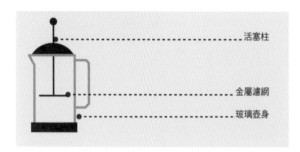

活塞柱

金屬濾網

玻璃壺身

法式濾壓壺也可以使用咖啡濾紙

用濾壓壺浸壓出來的咖啡液裡常有不少懸浮物，若想減少殘渣沉澱，其實可以在濾網下方加一張濾紙，過濾之後會發現濾紙上攔截不少了不溶物質。多一層濾紙過濾的咖啡雖然少了點濃郁，卻有助於提升咖啡的香氣。

使用方法

在壺裡倒入熱水溫壺，再把水倒掉。

1

加熱 200 毫升的水至 94℃；要是沒有溫度計，可以把水煮至沸騰，然後不加蓋等待 30-40 秒。

2

200 毫升
92-94℃

3

在壺中倒入研磨咖啡粉 14 公克。把整個咖啡壺放到電子秤上，邊倒入熱水邊秤重量，同時要注意讓水均勻地浸溼咖啡粉。

4

蓋上壺蓋但先不加壓，保持熱度浸泡 4 分鐘。

5

打開壺蓋，撈除浮在表面的咖啡渣。

6

蓋上壺蓋，輕輕地將活塞柱壓到底。

7

倒出咖啡液的同時，也要避免底部的咖啡渣跟著流進咖啡杯中，以免影響口感。

Espro Press® 法式雙層濾壓壺

這個改良式濾壓壺於 2011 年上市，內含雙層濾網，濾網孔洞較細，能過濾較多的沉澱物，使倒出來的咖啡液更清澈。壺身的雙層不銹鋼內壁也提供了更好的保溫效果，除了讓萃取出的咖啡品質更穩定，也能讓咖啡熱度保持更久。

愛樂壓

愛樂壓（Aeropress®）是用塑膠製成的咖啡沖煮工具，操作簡單，攜帶方便。
2005 年，出身理工學院的艾倫·愛德勒（Alan Adler）發明了愛樂壓，
他同時也是愛樂比公司（Aerobie, Inc.）的創辦人。

浸泡	1 分 30 秒	濾紙	1 杯	250 毫升	14 公克	研磨顆粒（參見第 27 頁）

用愛樂壓沖泡咖啡，比用
法式濾壓壺更方便迅速。
因為加了濾紙，杯中的沉
澱物也少很多。

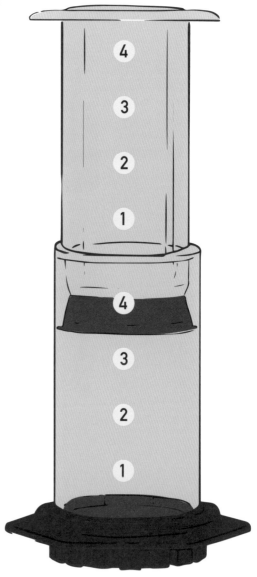

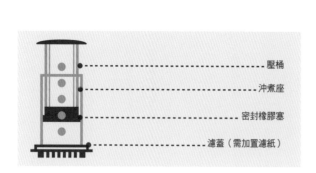

壓桶 ----
沖煮座 ----
密封橡膠塞 ----
濾蓋（需加置濾紙） ----

使用方法

加熱 250 毫升的水至 92-94℃；要是沒有溫度計，可以把水煮至沸騰，然後不加蓋等待 30-40 秒。

將濾紙放在濾蓋上，用熱水沖洗。

傳統作法

濾蓋扣上沖煮座拴緊，架在裝盛咖啡的容器或馬克杯上。在沖煮座內加入研磨咖啡粉 14 公克，全部放到電子秤上秤重。

反向操作

壓桶連沖煮座倒置（壓桶在下），在沖煮座裡加入研磨咖啡粉 14 公克，全部放到電子秤上秤重。

開始計時，倒入 200 公克的熱水直到沖煮座標示③的位置，一邊注意讓水均勻地浸溼咖啡粉。

開始計時，倒入 200 公克的熱水，一邊注意讓水均勻地浸溼咖啡粉。

將壓桶裝進沖煮座，讓咖啡粉在熱水中悶蒸，靜置計時 1 分鐘。

取出壓桶，用攪拌棒以畫圓的方式快速攪拌三圈；再次裝入壓桶，輕輕下壓直到沖煮座裡沒有液體為止，下壓過程約 30 秒。

將裝盛咖啡液的容器或馬克杯倒扣在濾蓋上，連沖煮座整個一起轉正，再將壓桶輕輕下壓到底，下壓過程約 30 秒。

用攪拌棒以畫圓的方式快速攪拌三圈，加上濾蓋拴緊，稍微壓低沖煮座排出空氣。讓咖啡粉在熱水中悶蒸，靜置計時 1 分鐘。

聰明咖啡濾杯

這款聰明濾杯（Clever® Coffee Dripper）由台灣宜家貿易公司研發，
結合浸泡與過濾兩種功能於一身。但嚴格說起來，它的萃取方式還是以浸泡為主。

| 浸泡 ＋ 過濾 | 3分30秒 | 濾紙 | 1杯 | 300毫升 | 14公克 | 研磨顆粒（參見第27頁） |

在所有浸泡方式中，聰明
濾杯泡出來的咖啡液沉澱
物最少。

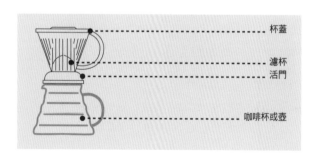

杯蓋 ....
濾杯 ....
活門 ....
咖啡杯或壺 ....

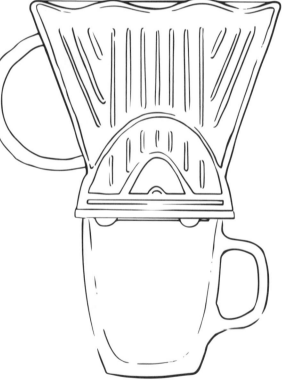

使用方法

1
加熱約 300 毫升的水至 90-92℃；要是沒有溫度計，可以把水煮至沸騰，然後不加蓋等待 30-40 秒。

300 毫升
90-92℃

2
把濾紙放入聰明濾杯，倒入至少 100 毫升的水沖洗濾紙，然後讓水流掉。

在濾杯裡倒入研磨咖啡粉 14 公克，把濾杯放到電子秤上秤重。

3

4
2分30秒

開始計時，倒入 200 公克的熱水，同時要注意讓水均勻地浸溼咖啡粉。蓋上蓋子，靜置 2 分 30 秒。

5
1分鐘

打開蓋子，把聰明濾杯放在咖啡壺或馬克杯上，開啟濾滴活門讓咖啡滴入杯中；這個步驟會持續大約 1 分鐘（要是滴濾過程太長，就表示咖啡粉磨得太細了）。

虹吸式咖啡壺

虹吸式咖啡壺（Siphon）於 1830 年代發明，又稱為賽風壺或「負壓」咖啡壺。
不只外觀特殊，它的使用方法也一樣特別。

| 浸泡 ＋ 過濾 | 1 分 30 秒 | 濾布 | 1 杯 | 300 毫升 | 16 公克 | 研磨顆粒（參見第 27 頁） |

虹吸壺沖泡出的咖啡口感十分細膩，咖啡液乾淨且香氣清晰。

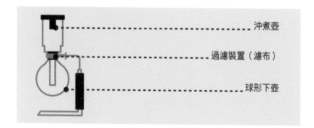

沖煮壺

過濾裝置（濾布）

球形下壺

剛買了虹吸式咖啡壺嗎？必讀！

Hario® 的虹吸咖啡壺組合附了一個酒精燈，但酒精燈的溫度很難掌控，還是建議使用瓦斯小爐加熱，熱源穩定，方便掌控溫度。

使用方法

加熱約 300 毫升的水至 90-92℃；要是沒有溫度計，可以把水煮至沸騰，然後不加蓋等待 30-40 秒。

1

300 毫升

90-92℃

2

沖洗濾布，安裝在虹吸壺上壺底部，從下方將鉤子固定好，並借助攪拌棒把濾布調整至中央位置。

3

在球形下壺中倒入熱水至圖中標示「2杯」的位置。將上壺傾斜插入，先不要蓋緊。點燃小瓦斯爐並置於球形下壺下方。

4

把水加熱至沸騰，再將上壺扶正，與下壺密合固定。熱會使氣體膨脹並把水往上推至上壺中。等到水不再上升時，調整熱源讓水溫保持在 90-92℃（用溫度計測量）。

5

在上壺倒入研磨咖啡粉 16 公克，開始計時；用攪拌棒充分混合水粉，靜置 1 分鐘。

1 min

6

熄掉小瓦斯爐的火然後移開。由於重力作用產生負壓，咖啡液從上壺開始往下流至下壺，並透過中間的過濾裝置濾除咖啡粉渣。最後過濾的步驟會持續 30-40 秒；要是流速過慢，咖啡向下流的時間太長，可能是因為咖啡粉磨得太細了。

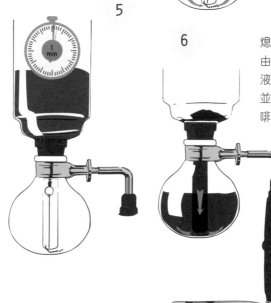

HARIO® V60 濾杯

V60 濾杯是由日本 Hario® 將其商品化，特色是濾杯成 V 字形並呈 60 度角（因此命名為 V60）。

| 過濾 | 2.5-3 分鐘 | V60 專用濾紙 | 1 杯 | 300 毫升 | 12-13 公克 | 研磨顆粒（參見第 27 頁） |

這款濾杯可以讓咖啡的醇度和香氣清晰度協調得非常好。

濾杯

咖啡杯或壺

使用方法

加熱約 300 毫升的水至 94℃；
要是沒有溫度計，可以把水煮
至沸騰，不加蓋等待 30-40 秒。

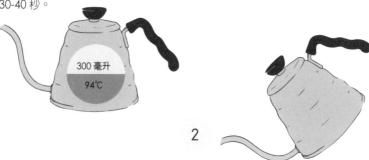

把咖啡濾紙放入 V60 濾杯，倒入至
少 100 毫升的水沖洗濾紙，然後讓
水流掉。把紙味沖掉才不會影響咖
啡風味。

在濾杯裡倒入研磨咖啡
粉 12-13 公克，將上杯
連下壺一起放到電子秤
上秤重。

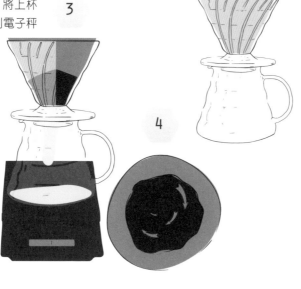

開始計時，先倒入 25 公克的熱水，
同時要注意讓水均勻地浸溼咖啡
粉，可用攪拌棒攪拌確認。30 秒後
（研磨咖啡粉吸足水分和排氣所需
的時間），手腕依順時鐘方向旋轉
再倒入 25 公克的熱水，並盡量避免
熱水沾溼濾紙。接下來維持這個姿
勢，每倒 25 公克的熱水就先暫停，
15 秒 之 後 再 繼續 倒 25 公克 的 熱
水，直到倒滿 200 公克為止。

總萃取時間通常是 2 分 30 秒至 3 分
鐘，要是萃取時間太短就表示研磨
咖啡粉顆粒太大；要是時間過長，
那就是磨得太細了。

CHEMEX® 手沖壺

Chemex® 手沖壺是在 1941 年由彼得‧史洛姆波（Peter Schlumbohm）博士發明，是個外觀為沙漏形狀而功能完整的咖啡壺：上壺是濾杯，下壺可裝盛過濾好的咖啡。

| 過濾 | 3.5-4 分鐘 | 專用濾紙 | 6 杯 | 1 公升 | 30-35 公克 | 研磨顆粒（參見第 27 頁） |

用 Chemex® 手沖壺沖出來的咖啡醇度稍嫌不足，但口感細緻，香氣明確又清晰。

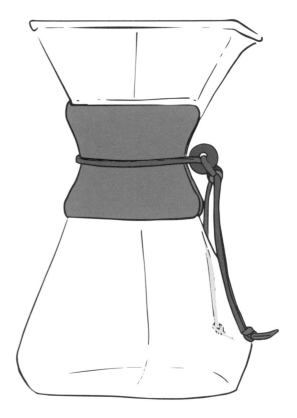

濾杯

木製把手

玻璃壺

Chemex® 手沖壺專用濾紙

Chemex® 的專用濾紙比一般濾紙厚，摺起來也不對稱：放進濾杯時，有一邊只有一層濾紙，另一邊則有三層。濾紙有分圓形和方形；方形濾紙的摺法可參考右頁介紹。

使用方法

1

加熱約 1 公升的水至 94℃；要是沒有溫度計，可以把水煮至沸騰，然後不加蓋等待 30-40 秒。

2

把濾紙放入 Chemex® 濾杯，倒入至少 500 毫升的水沖洗濾紙，把紙味沖掉才不會影響咖啡風味。拿起濾紙，倒掉剛剛沖洗的水再重新放回去。

3

在濾杯裡倒入研磨咖啡粉 30-35 公克，把整個手沖壺放到電子秤上秤重。

4

開始計時，先倒入 100 公克的熱水，同時要注意讓水均勻地浸溼咖啡粉，靜置 45 秒鐘（研磨咖啡粉吸足水分和排氣所需的時間）。

5

手腕依順時鐘方向，由濾杯中心開始往邊緣旋轉，想像自己是在平面畫螺旋，同時倒入 100 公克的熱水。接下來維持這個姿勢，每倒 100 公克的熱水就先暫停，30-45 秒之後再繼續倒 100 公克的熱水，直到倒滿 500 公克為止。

總萃取時間通常是 3 分 30 秒至 4 分鐘，要是萃取時間不足 3 分鐘，就表示研磨咖啡粉的顆粒太大；要是時間超過 4 分鐘，那就是磨得太細了。

摺紙小教室：自己摺一張 Chemex® 專用濾紙

卡莉塔波浪濾杯

卡莉塔波浪濾杯（Kalita® wave）是來自日本的品牌，
金屬濾杯底部有獨特的三個濾孔設計，必須配合專門的波浪濾紙一起使用。

| 過濾 | 3 分鐘 | 專用濾紙 | 1 杯 | 400 毫升 | 18 公克 | 研磨顆粒（參見第 27 頁） |

卡莉塔波浪濾杯簡單易上
手，只要觀念正確就能沖
出風味醇厚、香氣四溢的
好喝咖啡。

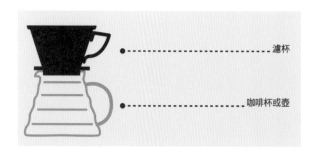

濾杯

咖啡杯或壺

使用方法

1

加熱約 400 毫升的水至 94℃；要是沒有溫度計，可以把水煮至沸騰，然後不加蓋等待 30-40 秒。

2

把專用濾紙放入卡莉塔濾杯，將熱水注入濾杯中央並借重力擺正濾紙，讓水流掉。它的濾紙和 V60、Chemex® 的濾紙不同，不需要用大量的水來沖掉紙味。

在濾杯裡倒入研磨咖啡粉 18 公克，把濾杯連下壺放到電子秤上秤重。

3

4

開始計時，倒入 50 公克的熱水，同時要注意讓水均勻地浸溼咖啡粉，靜置 40-45 秒鐘（研磨咖啡粉吸足水分和排出二氧化碳所需的時間）。接著手腕依順時鐘方向，由濾杯中心開始往邊緣旋轉，想像自己是在平面畫螺旋，同時倒入 50 公克的熱水，水不要淋在濾紙上。在水位下降至咖啡粉高度之前再倒入 50 公克的熱水，重複此動作直到倒滿 300 公克的水。

總萃取時間通常是 3 分鐘左右，要是萃取時間太短，表示研磨咖啡粉的顆粒太大；要是時間太長，就是磨得太細了。

摩卡壺

這款咖啡壺也被稱做「義大利壺」，是阿方索‧拜爾拉提（Alfonso Bialetti）
在看到洗衣機*後得到靈感設計而成，並於 1933 年申請專利。
拜爾拉提公司至今仍繼續製造摩卡壺，其受歡迎的程度絲毫未減。
傳統的摩卡壺以鋁製成，現在則用不銹鋼製作，有各種不同的尺寸跟款式。

| 過濾 | 1 分鐘 | ×3 3 杯 | 150 毫升 | 15 公克 | 研磨顆粒（參見第 27 頁） |

和其他咖啡壺比起來，摩卡壺沖煮出來的咖啡口感
相對強烈（咖啡水粉比例高），有點接近濃縮咖
啡。但最棒的是，相較於濃縮咖啡機 8-10 巴的高
壓，摩卡壺只需要 1.5 巴的壓力。摩卡壺的設計加
上高溫熱水沖煮，一不小心就會帶出咖啡的苦味成
分，不愛苦味的人要注意。

- 上蓋
- 上壺
- 盛粉杯（濾杯）
- 下壺

---

* 譯註：阿方索‧拜爾拉提所看到的洗衣機是路易貝赫那賀‧哈波（Louis-Bernard Rabaut）在 1820 年發明的機型。

使用方法

在濾杯裡倒入 15 公克的研磨咖啡粉，
將濾杯輕敲桌面，讓咖啡粉平均散開
而不用填壓。

用電熱水壺將水加熱至 80℃；這樣
既節省時間，也能預防水溫太高燒糊
咖啡粉。在下壺中倒入熱水至洩壓閥
（壺身外的一顆小螺絲）下緣。

旋緊上壺，把整個摩卡壺放到爐
子上，開小火；掀開上蓋以便觀
察沖煮過程。

一旦咖啡液從上壺底部溢出就把火轉
小，靜置 1 分鐘後將摩卡壺移開爐子，
不用等到水全溢出。要是水溢出的時間
少於 1 分鐘，那就表示研磨咖啡粉的顆
粒太粗；要是超過 1 分鐘，就表示咖啡
粉磨得太細了。

美式電濾壺

雖然早在 1950 年代就發明了美式電濾壺，
直到 1970 年代才真正開始流行起來。

| 過濾 | 5-6 分鐘 | 濾紙 | 6-8 杯 | 1 公升 | 60-70 公克 | 研磨顆粒（參見第 27 頁） |

美式電濾壺泡出來的咖啡口味平衡，酸味也不如 V60 濾杯沖出來的咖啡那麼明顯；然而缺點是口感較不鮮明，香味成分的複雜性也不夠完整（香氣不清晰）。

- 上層漏壺
- 濾杯
- 下壺
- 保溫盤

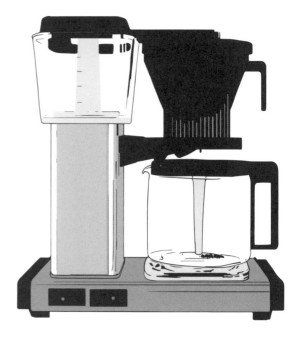

都是重力的功勞！

儲水箱裡的冷水藉由重力作用被運送到另一個加熱水箱，裡頭的電阻能把水加熱至超過 90℃。熱水透過水管被運送到上層漏壺中，慢慢浸溼裝在濾紙中的研磨咖啡粉，萃取出的咖啡液因為重力而滴入下層的咖啡壺裡。

使用方法

倒入至少 200 毫升的熱水沖洗濾紙和濾
杯，把紙味沖掉才不會影響咖啡風味；
也可以直接在儲水箱裡裝水，不加咖啡
粉開機運轉，再把水倒掉。然後在裝有
濾紙的濾杯裡倒入研磨咖啡粉。

1

在儲水箱裡加水。　2

3

依個人需求設定預煮咖
啡的時間，或直接按下
開關立刻開始萃取。

4

咖啡沖煮完畢後不要留在加熱盤上太久，最好立刻飲用或把咖
啡液倒入保溫杯中。即使裝入保溫杯也盡量在 20-30 分鐘之內
喝完，因為咖啡放超過 30 分鐘就會開始氧化、發酸。

量身沖泡一杯
手沖滴濾式咖啡

不管用哪一種手沖壺或沖煮方式，想沖出好喝的滴濾式咖啡，
首先得掌控幾項重要的沖煮條件，再加上一點經驗和好奇心⋯⋯

研磨顆粒

咖啡粉的顆粒研磨得越細，總表面積就會增加，與水接觸時也就相對可以溶出較多成分。想要沖出一杯好喝的手沖咖啡，咖啡粉的顆粒要比濃縮咖啡大，更重要的是研磨度要均勻：顆粒太細的咖啡在與熱水接觸時經常會發生過度萃取的情形，將雜質一併溶出，結果帶出咖啡的苦味，並且使咖啡的香氣變得模糊不和諧。至於粉末的顆粒大小則得依據手沖方式、沖煮份量（水量）和過濾方式來決定。

水的溫度

咖啡中的可溶物質多半需要高溫才能釋放，最佳沖煮溫度在 92-95℃之間。

適用溫度：

太燙的水會燒糊咖啡，水溫不足又無法釋放香味分子，因此水溫必須依照咖啡豆的烘焙程度來決定：深烘焙的咖啡豆需要降低水溫（92℃或以下），淺烘焙的咖啡豆則需要提高水溫（94-95℃）。

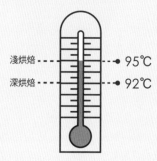

淺烘焙 ┈┈ ● 95℃
深烘焙 ┈┈ ● 92℃

適用顆粒：

浸泡法

狀況	原因	改善方法
苦澀，在口中有收斂感並留下令人不快的餘味	過度萃取	咖啡顆粒磨粗一點
喝起來太酸又鹹	萃取不足	咖啡顆粒磨細一點

過濾法

狀況	原因	改善方法
苦澀，在口中有收斂感並留下令人不快的餘味	過度萃取	咖啡顆粒磨粗一點，咖啡液滲流速度也會快一點
咖啡液流速太快	萃取不足	咖啡顆粒磨細一點，咖啡液滲流的速度會越慢

咖啡的水粉比例

　　滴濾式咖啡比濃縮咖啡「淡」十倍，意思是滴濾式咖啡的咖啡粉較少而水較多。通常滴濾式咖啡的水粉比例是 55-80 公克的咖啡兌 1 公升的水。

適用比例：

• 較淡的咖啡：水粉比例為
　55 公克的咖啡 / 1 公升的水

• 稍濃的咖啡：水粉比例為
　80 公克的咖啡 / 1 公升的水

可增加或減少咖啡與水的份量，
調配出最適合自己的水粉比例。

萃取時間

　　研磨咖啡粉與熱水接觸的時間，決定了咖啡液萃取出的可溶物質份量。好喝的咖啡取得從中取得平衡，盡量留下我們想要的分子並過濾不要的雜質。萃取時間太短，就無法獲得多數的香氣分子；萃取時間過長，咖啡的口味也會隨之變質。

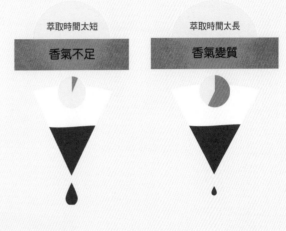

萃取時間太短	萃取時間太長
香氣不足	香氣變質

攪拌

用湯匙或攪拌棒來攪拌咖啡，可以讓水分更迅速且均勻地浸溼咖啡粉，同時釋放咖啡中的所有分子。攪拌能加速萃取、提升萃取的均勻度，足以被認定是加強沖煮品質的條件之一，前提是攪拌的動作要規律一致。

操作方法

如果希望找出沖煮條件對咖啡的影響，最好一次只改變一項變因，再比較各次沖煮的結果。

1　先採用最基本的手沖滴濾條件來沖泡第一杯咖啡，接著改變咖啡研磨顆粒的大小（較粗或較細）來沖泡第二杯（最理想的情況是兩杯同時沖煮）。品嚐並記錄比較的結果，慢慢找出何種研磨顆粒對你來說口感最佳。

2　採用上一個步驟中口感較佳的研磨咖啡粉，接著改變咖啡的水粉比例，品嚐並記錄比較的結果。

3　採用個人認定最佳的水粉比例，下一個就是改變沖煮的水溫。

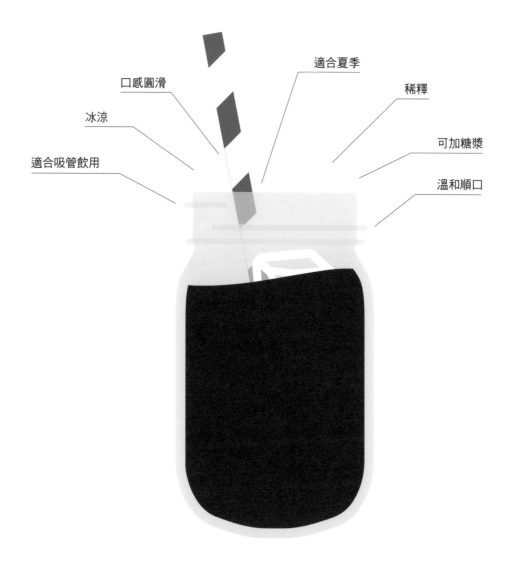

口感圓滑

適合夏季

冰涼

稀釋

適合吸管飲用

可加糖漿

溫和順口

冰咖啡

同樣是手沖咖啡，喝起來卻冰冰涼涼的⋯⋯
歐洲人習慣喝熱咖啡，然而近年來冰咖啡越來越流行，已成為夏日必喝的時髦飲料！

熱萃取

　　加了冰塊的咖啡又稱作「日式冰咖啡」，做法
十分簡單：先用熱水萃取咖啡，然後加入冰塊，讓
熱咖啡瞬間冷卻，立即飲用！

冷萃取

　　冷萃取的咖啡與熱萃取大不相同，不但幾乎沒
有酸味，咖啡的口感也更為溫潤圓融，甚至帶點酒
味 *。許多咖啡館會把冷釀咖啡裝進特殊形狀的瓶
子，並貼上設計感十足的標籤來販售。

* 譯註：糖分加上時間醞釀就會產生發酵作用；咖啡經過烘焙產
　　生焦糖化反應也含有糖分，雖然置於冰箱低溫環境，還是會進
　　行發酵，產生酒味。通常時間越久，酒味越明顯。

傳統的冷萃取方法

浸泡　＋　過濾　　12-16 小時　　濾紙

5 杯　　1 公升　　80 公克　　研磨顆粒　　濾盆
　　　　　　　　　　　　　（參見第 27 頁）

1　前一天先把研磨咖啡粉倒入附蓋容器裡，加水並確
　認有全面且均勻地浸溼咖啡粉。蓋上蓋子，放入冰
　箱靜置 12-16 小時。

2　要享用咖啡時，在濾盆裡鋪上濾紙，然後架在盛裝
　咖啡的容器上。倒入前一天準備的冷泡咖啡，濾掉
　咖啡渣，留下咖啡液，最後加入冰塊即可飲用。

冰釀咖啡

製作冰釀（cold-brew）咖啡的器具看起來就像在做化學實驗一樣，
用冷萃取的原理萃取出咖啡的精華。
也有人將這種方法稱作冰滴（cold-drip）咖啡。

過濾　　20-24 小時　　濾紙　　70-90 公克

1 公升　　5 杯　　研磨顆粒
（參見第 27 頁）

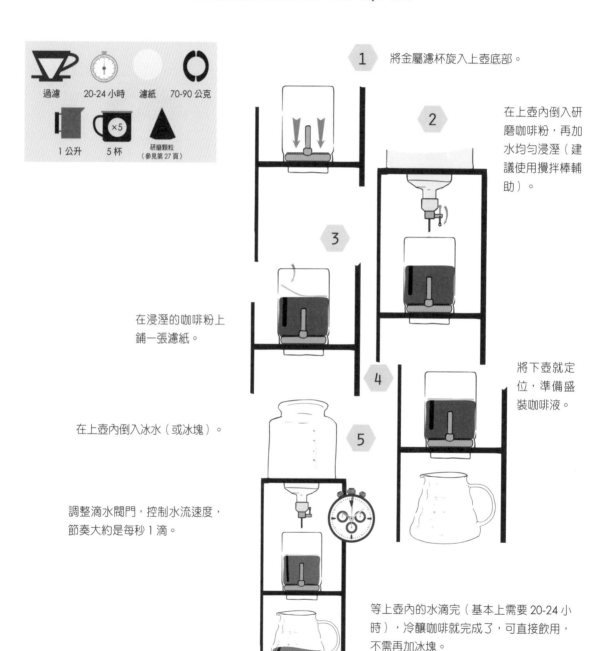

1　將金屬濾杯旋入上壺底部。

2　在上壺內倒入研磨咖啡粉，再加水均勻浸溼（建議使用攪拌棒輔助）。

3　在浸溼的咖啡粉上鋪一張濾紙。

將下壺就定位，準備盛裝咖啡液。

在上壺內倒入冰水（或冰塊）。

4

5

調整滴水閥門，控制水流速度，節奏大約是每秒 1 滴。

等上壺內的水滴完（基本上需要 20-24 小時），冷釀咖啡就完成了，可直接飲用，不需再加冰塊。

日式冰咖啡

冰塊會在沖煮好的咖啡中融化,稀釋咖啡原本的風味,
因此最好使用香氣濃厚、酸味鮮明的咖啡。
此外也建議使用與沖煮咖啡完全相同的水來製作冰塊。

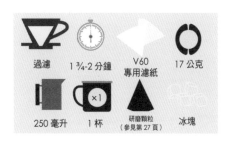

過濾　　1¾-2 分鐘　　V60 專用濾紙　　17 公克

250 毫升　　1 杯　　研磨顆粒(參見第 27 頁)　　冰塊

冰塊不融的冰咖啡

你可以用手沖咖啡的經典水粉比例(12-13 公克的研磨咖啡粉
兌上 200 毫升的水)來製作冰咖啡,前提是要使用「塑膠冰
塊」(水裝在密封的塑膠中結冰,融冰時水也不會流出來)。
使用塑膠冰塊就不會有稀釋咖啡的問題,不過要記得放入足夠
的冰塊來冰鎮咖啡。

將 250 毫升的水加熱至 94℃;要是
沒有溫度計,可以把水煮至沸騰,
然後不加蓋等待 30-40 秒。

在 V60 濾杯裡放入濾紙。
倒入 100 毫升的熱水沖洗
濾紙,再把水倒掉瀝乾。

在濾杯裡放入冰塊至
半滿,倒入研磨咖啡粉
17 公克。把上杯連下壺一起放到
電子秤上秤重。

開始計時,先倒入 50 公克的熱水,同時注意讓水均勻地浸溼
咖啡粉,並且以攪拌棒輕輕攪拌。 30 秒後,手腕依順時鐘方
向旋轉,再倒入 50 公克的熱水;等待 1 分鐘後,保持同樣姿
勢再次倒入 50 公克的熱水。水大約會在 1 分 45 秒至 2 分鐘
之內滴完。

烘出咖啡的精髓

烘焙咖啡豆

烘焙是指將生咖啡豆經過高溫烘烤，使其釋放風味的過程。
咖啡烘焙師必須精確掌握咖啡豆的特性和烘焙機的操作時機，
咖啡調理師也應該具備關於烘焙的完整概念，
才能依照需求選出合適的咖啡豆，並將豆子的優點發揮到最大。

烘焙師 / 烘豆機

在法文裡，torréfacteur 同時代表了加熱生咖啡豆的烘豆機和操作機器的人。烘豆機依結構、容量（100 公克至數百公斤不等）、加熱方式（瓦斯或電熱）不同而有不同機型。

使用最廣泛的烘豆機採用旋轉式的圓形滾筒烤爐，以瓦斯直接加熱。用這種傳統方式烘焙咖啡，烘焙溫度可達 190-230℃，烘焙時間則為 10-20 分鐘不等。

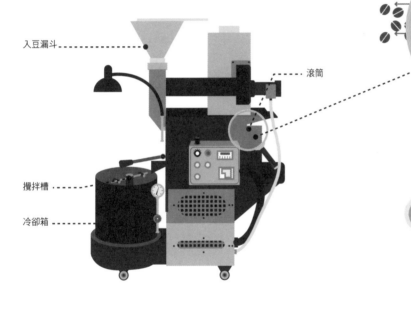

入豆漏斗

滾筒

攪拌槽

冷卻箱

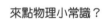

旋轉式的圓形滾筒

傳統烘焙

烘豆機的加熱方式包括對流熱和傳導熱，不可忽視的輻射熱則扮演穩定烘焙溫度的角色。咖啡烘焙師需要注意：

- 熱源溫度強弱
- 咖啡豆在加熱過程中的排氣程度（以便控制熱對流）
- 滾筒轉速以及咖啡豆在滾筒內的位置和軌跡（以便掌控熱傳導）

烘焙的最後一個步驟會啟動冷卻箱的強力風扇，將冷風灌入烘焙室，快速翻攪咖啡豆使之冷卻，以停止咖啡豆內部的高溫裂解作用，鎖住加熱時產生的香味。這個步驟非常重要。

來點物理小常識？

熱的傳播有三種方式：

- 對流（藉由液體或氣體）

- 傳導（透過金屬）

- 輻射（直接由熱源傳播）

工業烘焙

多數工業烘焙採用快速烘焙法（400℃烘烤不超過10分鐘），另外也有所謂的「閃電烘焙法」（800℃烘烤90秒），然而這種烘焙方式既不能釋放咖啡豆的香氣，也無法發展咖啡豆的風味。若想醞釀咖啡豆的內在香氣，用水冷式的冷卻處理法效果更佳，但需要經過精密計算，此法多用於大規模的工業烘焙。

想知道家裡的咖啡粉是否為工業烘焙的產品嗎？只要把咖啡粉放進冷凍庫，要是它不幸凝固了，就表示它的含水率超過5%（法律規定最大上限）。

自家烘焙咖啡豆

想要在家自己烘焙生咖啡豆是絕對可行的。

選擇咖啡豆

最好跟特定的咖啡烘焙師買生豆，購買時不要忘了，豆子烘焙後會損失11-22%的重量。一開始可選用耐熱而且容易烘焙的水洗咖啡豆品種，例如波旁、帕卡斯、卡杜拉、卡杜艾等（參見第168-169頁）。

家用型烘豆機

別考慮用鍋子來煎咖啡豆！雖然家家都有鍋子，但成果恐怕不盡理想，因為烘焙咖啡豆需要循環對流的熱源並且持續攪拌。市面上可以買到小型烘豆機，一次可烘焙80-500公克的咖啡豆，供應一般家庭用量可說是綽綽有餘。

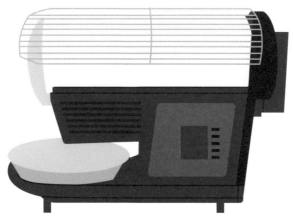

法文用 broche（咖啡豆烘焙機中的攪拌葉片軸）這個字來表示烘焙一次咖啡豆的份量。

流床式烘豆機

類似稍稍經過改良的爆米花機，採用強制對流熱，僅能調整烘焙時間。

鼓式烘豆機

這款機型對熱源的控制（溫度和時間）能力較好，購入價格從100-1000歐元不等，但烘出來的咖啡豆和專業烘焙的程度還是有落差，最好不要期望太高。好處是能自己掌控咖啡豆的烘焙度，享受自家烘焙的樂趣，還能隨時喝到新鮮咖啡。

咖啡豆的烘焙階段

本篇介紹咖啡豆在各個烘焙階段的變化。

變化過程	烘焙階段	香味發展

生咖啡豆吸收熱之後，顏色開始由綠轉黃，豆子的含水率開始下降。

在乾燥階段會開始發展出三至四種香氣。

乾燥階段

A

3 分鐘

熱能將咖啡豆內部的水分轉化為蒸氣
↓
咖啡豆內部產生二氧化碳
↓
咖啡豆內部壓力到達 25 巴
↓
第一爆：咖啡豆在烘焙過程中會出現極具代表性的爆裂聲

脫水之後的咖啡豆開始釋放熱能（放熱反應）並變成褐色（史崔克降解反應、梅納反應），還會脫下一層銀皮（集中在烘焙機的收集桶裡）。烘焙過的咖啡豆體積會增加 1.5-2 倍，此時重量至少損失 11%。

第一爆

10 分鐘

咖啡的香氣和風味會藉由兩種化學反應釋放出來：
• 梅納反應：當咖啡豆的含水率少於 5%，糖和胺基酸為了降解蛋白質而產生一連串的化學變化。
• 焦糖化反應：水、糖和蔗糖之間發生的化學反應。

隨著烘焙時間越長，酸味會逐漸降低，苦味提升，許多芬芳分子開始揮發出來。

烘焙到最後會發展出將近八百種的香味物質，咖啡豆的風味、酸性、甘甜和醇度也臻於成熟。不過烘焙有時也可能帶出咖啡不受人喜愛的風味。

發展階段

B

C

繼續烘焙咖啡豆就會持續產生二氧化碳
↓
第二爆

咖啡豆顏色加深，進入中深烘培階段（豆子顏色越深，烘焙程度越深）。此時損失的重量達原本的 22%。

第二爆

16 分鐘

D

熱解階段

第二爆之後，咖啡豆因熱解反應而表面出油，並且開始碳化，一不注意很有可能會燒焦。

在最後階段，香味物質會被摧毀，取而代之的是苦味，酸味則是蕩然無存，醇度也隨之減低。

20 分鐘

E

溫度與烘焙關係

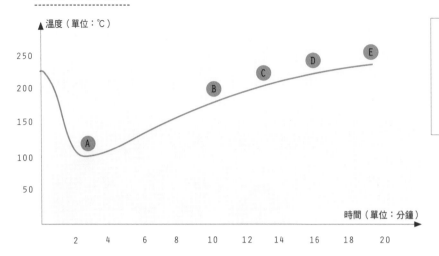

溫度（單位：℃）

250
200
150
100
50

時間（單位：分鐘）

2　4　6　8　10　12　14　16　18　20

可以用顏色做為依據嗎？

咖啡豆的烘焙沒有統一的顏色可以做為烘焙程度的依據，比較準確的方法應依據烘焙時間總長來決定第一爆的時間。

烘焙與咖啡因的比例

生咖啡豆的咖啡因含量（以阿拉比卡豆為例，占總體的 0.6-2%）幾乎不會因烘焙程度而有所改變（咖啡因流失率約 10%）。

然而烘焙越久，咖啡損失的重量越多（重率約 11-22%），在這種情況下，咖啡因的比例自然就上升了。

目前流行的烘焙程度有偏淺的趨勢

當咖啡豆烘焙至一定程度，香氣會逐漸被烘焙的味道（焦糖味，接著是煙燻味、苦味、焦味）掩蓋，唯有淺烘焙能保留住明顯的咖啡芬芳。咖啡烘焙師必須做出妥協，決定該留下哪些香氣特徵。舉例來說，要是烘焙師想讓咖啡帶有大量香氣而口味偏酸味，那麼就得犧牲咖啡的醇度。

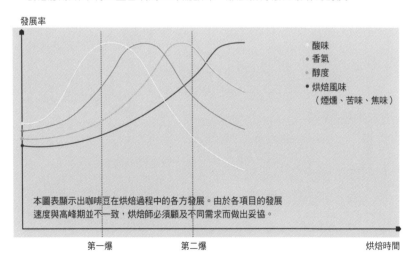

發展率

- 酸味
- 香氣
- 醇度
- 烘焙風味（煙燻、苦味、焦味）

本圖表顯示出咖啡豆在烘焙過程中的各方發展。由於各項目的發展速度與高峰期並不一致，烘焙師必須顧及不同需求而做出妥協。

第一爆　　　第二爆　　　　　烘焙時間

受人喜愛的酸味

適度的烘焙可以凸顯咖啡豆原有的自然酸味，烘焙所帶來的熱能則會大量摧毀咖啡豆裡的四十多種綠原酸（也就是知名的多酚，被認為是有益的酸性物質），並且分解成奎寧酸和咖啡酸；這兩種物質都具有收斂性，可能會影響口感。其他多數的有機酸如檸檬酸和蘋果酸，在淺烘焙時達到最大值，之後便會隨烘焙時間延長而逐漸消失。這解釋了為什麼快烘輕焙更能表現咖啡豆的鮮明酸味。

咖啡豆的烘焙風格

想沖泡出好喝的咖啡，咖啡豆可不只一種烘焙方式！
烘焙師得依各種咖啡豆的特性來調整溫度和時間，
使咖啡豆產生和諧的風味及香氣。

烘焙曲線

每顆咖啡豆都傳承了其生長的風土條件、品種特色和植栽方式，具備獨特的香氣。咖啡烘焙師的工作，就是要釋放出咖啡豆的潛在風味。如果只是控制加熱的時間和加熱程度，還不足以被稱作烘焙，充其量不過就是在「炒」咖啡豆。

掌控溫度精細的變化，才能獲得「烘焙曲線」；熟悉烘焙曲線並在曲線之間做調整，便能掌握咖啡豆各種品質的發展（前味、酸味、香氣、醇度、黏稠度、餘韻……）。也因為這樣，兩顆生產履歷一模一樣的生咖啡豆，也有可能產生完全不同的咖啡風味，可能一顆較酸，另一顆則帶有明確的香料氣息和醇厚度……而厲害的烘焙師要能「詮釋」這顆咖啡豆，激發出它最好的特色和特質。

切勿以貌取豆

兩顆烘焙顏色一樣的咖啡豆，是不是就有一樣的烘焙曲線呢？答案是否定的。不管是烘焙的起始溫度相同，還是經烘焙所呈現的最終色澤，都不足以判定烘焙曲線的相似程度，沖煮後所呈現的風味就更無法如此比較了。烘焙咖啡豆的成品顏色只能當做烘焙程度的參考，只有從咖啡曲線才能看出烘焙完整的經歷。依照烘焙曲線的不同，外觀看來相同的咖啡豆，最終在杯中帶來的風味也會有差別。

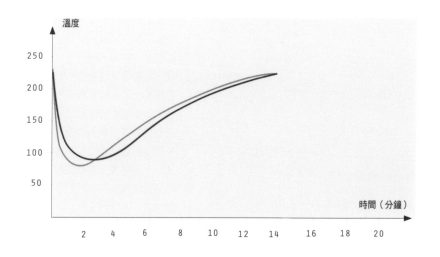

左圖的兩條曲線代表了烘焙的過程，起點和終點雖然在同樣位置，就算用同樣的方式沖煮，最終所呈現出來的風味還是不同。

烘焙風格的搭配與應用

有些咖啡豆為了配合沖煮方式，有特定的烘焙法；另外也有一些特殊的咖啡豆，需要使用獨特的烘焙法才能釋出風味。

配合咖啡豆烘焙

有些咖啡豆適合特定的烘焙方式，咖啡烘焙師處理這種豆子時只會使用單一烘焙法。至於該選用何種咖啡豆以及如何沖煮法，就是咖啡調理師的責任了。

配合咖啡沖煮法烘焙

沖煮咖啡的方式決定了咖啡風味的平衡。即使選用同一種咖啡豆，以手沖浸泡 3 分鐘再過濾，沖出來的咖啡口味偏苦；以高壓萃取 20-30 秒做成濃縮咖啡，味道則帶酸味。為了取得酸與苦的平衡，咖啡烘焙師會依照沖煮方式，以不同的方法進行烘焙。

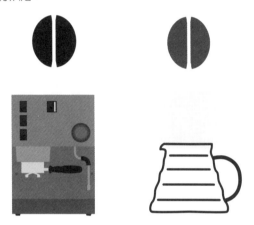

同一顆咖啡豆，會因應不同的沖煮法而有不同的烘焙方式。

配合消費者飲用習慣烘焙

每個國家的人喝咖啡的習慣都不同，例如北歐國家多飲用滴濾式咖啡，因此選擇淺烘焙的咖啡豆；地中海國家則習慣用深度烘焙的咖啡豆來沖製濃縮咖啡。上述的分析原則有時也適用於同一個國家，從右圖可看出義大利南方人最常喝的咖啡豆，烘焙程度比義大利北部要重得多。

綜合咖啡或單品咖啡？

咖啡豆的使用可分為兩種：
單一產地的咖啡（單品）與數個品種混合的咖啡（綜合）。

單品咖啡

　　單品咖啡有好幾種定義，最廣泛的認知是單一產地（單一國家、產區），例如特定咖啡莊園所栽種收成的咖啡豆。延伸來說，幾個咖啡農收成後在單一水洗場處理的咖啡豆，也可以被認為是單品咖啡。

　　單品咖啡通常具有獨特的風格，適合經驗老道的咖啡達人。他們能從咖啡豆辨認出風土（土壤成分、氣候、光照等），進一步評估咖啡的種植、採收情況，以及後續乾燥處理對咖啡風味產生的影響。

極純正單品？

對於堅持單品的「極純派」來說，所謂單品咖啡不只是來自單一產地，連品種也要是單一品種，也就是單一來源的特定品種咖啡。雖然這種極端堅持目前尚有爭議，尤其是從永續農業發展的角度來看；因為對於咖啡農來說，能在莊園裡依照海拔高度種植不同品種的咖啡，不但能降低整批作物因寄生蟲或傳染病而報銷的風險，混合品種栽種能得到更獨特的咖啡風味。

綜合咖啡

綜合咖啡

　　一般稱之為「混豆」，就是將不同來源（不同國家、產區）的咖啡豆混合使用，藉由比例的調配讓咖啡口味更協調，也能使消費者喝到品質一致的咖啡。這種做法在咖啡業界非常盛行，如果混合得宜，比只品嚐單一品種的豆子風味更佳。

巴爾札克也混豆

法國作家巴爾札克（Balzac）曾在其著作《論現代興奮劑》（*Traité des excitants modernes*）中提到自己對咖啡的熱愛。他會在巴黎買咖啡豆然後自己混豆：「他會在蒙布朗路買波旁；要是到馬丁尼島，那就要去維耶葉歐德希耶特路買，路上有一家香料店，生意總是好得不得了；想買摩卡，就得到郊區聖日耳曼去，到大學路的一家香料行買。」——節錄自里昂‧龔茲蘭（Léon Gonzlan）的《穿著拖鞋的巴爾札克》（*Balzac en Pantoufles*）

各式包裝及沖煮法？

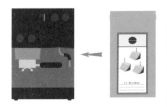

　　因為濃縮咖啡在萃取程序上很「任性」，所以選用綜合咖啡最能保證品質！這樣能使沖煮穩定，限制也較少，比較容易沖製出風味平衡的濃縮咖啡。混合得當的綜合咖啡融合了每款豆子的優點（例如巴西的溫和、衣索比亞豆的酸味和香氣），同時校正了濃縮咖啡高壓快沖帶來的各項困難（例如家用濃縮咖啡機的品質不穩定性）。

　　慢萃法（手沖）則能為細緻的咖啡提供穩定性，因此適合慢萃法的特選咖啡大都是單品咖啡。咖啡烘焙師也會調配適合手沖的綜合咖啡，藉由混豆大幅增添咖啡的香氣複雜度。

「混」出自己的風格

每個人都可以自己混豆，只要簡單三步驟：
訂下目標、挑選適合的咖啡豆品種、找出最恰當的比例，
剩下的就看個人喜好來決定最終咖啡風味了。

訂下目標

在動手混豆之前，要先決定沖煮方式（是要喝濃縮咖啡、卡布奇諾或滴濾咖啡）和期望的風格（香味複雜程度、濃郁度、果香、平衡感等）。

> **專業的杯測法**
> 專業的混豆方法包含杯測這個步驟（參見第124-125頁），分別品嚐每種咖啡豆沖出來的咖啡，來評估它們是否能相互配合，為各自的優點錦上添花。

選擇咖啡品種來源

中美洲咖啡豆
不管是哥斯大黎加或是薩爾瓦多，甚至是瓜地馬拉，這些國家所生產的都是風味純正且適合沖製濃縮咖啡的咖啡豆。
優點：香氣豐富、酸度鮮明
比例：品質絕佳的咖啡豆甚至可以單品方式品嚐
評語：具備多項優點而風味平衡的咖啡

南美洲咖啡豆
適合做為濃縮咖啡的基礎豆子。
優點：口感溫和，醇度、清澈度和酸味適中，香氣相對來說較為中性。
比例：量多（做為混合基豆，做為單品亦可）
評語：與各式咖啡豆搭配皆宜，取得方便、價格實惠。

亞洲咖啡豆
優點：口感豐富醇厚（越南、印尼咖啡豆），甚至帶有特殊風味，例如碘味，或是風漬馬拉巴令人驚豔的乳霜口感（參見第177頁）。

非洲莊園
優點：口感分明，帶水果味、花香味和酸味（尤以肯亞咖啡豆最佳），具備令人讚賞的複雜香氣。
評語：醇度較低，除了特定的坦尚尼亞咖啡豆，某些特質接近中美洲咖啡豆，如瓜地馬拉豆。

找出對的比例

限制自己一次最多只混合三到四種咖啡豆。若混和超過四種以上的豆子，每款咖啡的特色容易互相消磨掩蓋，沖煮出來的咖啡也會失去光彩。

首先用相同的比例調配不同款的咖啡豆：如果混合兩個產區的咖啡豆，比例就是 50%比 50%；如果混合三個產區，比例就是各 33%，以此類推。

• 若其中一款咖啡豆的特色蓋過了另一款，把味道強的咖啡豆份量減半。
• 若其中一款咖啡豆特色不明確，增加一倍份量。

綜合咖啡示範：
50%巴西豆 + 25%瓜地馬拉豆 + 25%衣索比亞豆

讀懂咖啡包裝標示

如今在大賣場或咖啡館都可以買到咖啡豆，
而咖啡館有可能是直接向烘焙師訂購咖啡豆，或上專門網站買來的。
不論如何，讀懂包裝上的標示，都能幫助我們買到更符合期望的產品。

標籤解碼

包裝上的標籤有許多重要訊息，可幫助我們選出品質較佳的咖啡。

單向排氣閥

與隔熱包裝結合為一體，能將咖啡豆排出的二氧化碳釋放至包裝外，同時避免氧氣進入包裝內（避免咖啡豆氧化變質）。

生產履歷

明確標註咖啡豆的生產國、產區、生產者及採收年份（可幫助區隔舊豆，參見第 123-140 頁）。

沖煮方式建議

依據栽種風土、咖啡豆品種和烘焙程度不同，建議適合的沖煮方式（例如高壓快沖或手沖滴濾）。

重量

法國的標準包裝是 250 公克，但市面上也能找到 300 公克、500 公克甚至 1 公斤的大包裝咖啡豆。

密封性

某些包裝有重複密封的設計，對咖啡豆保存有加分效果。

來源認證

依照產區、水洗場、農莊、生產者和生產批號加以認證。

附加說明

標示咖啡豆生長的海拔高度、品種和處理法等其他資訊。

烘焙日期

咖啡豆注重新鮮度，然而如果想用慢萃法沖煮，最好在烘焙日期五天之後使用；若是用來沖製濃縮咖啡，至少要等一個星期（理想是等二至三個星期）。

有效期限

通常是指「最佳賞味期限」，僅供參考。某些咖啡的保存期限較長，想知道有沒有走味，最好的方法就是親自嚐一嚐……

咖啡包裝標籤：

CAFÉ

FAZENDA CRUZEIRO
BRÉSIL

RÉGION CERRADO	ALTITUDE 1000 M
PRODUCTEUR C. OTTONI	VARIÉTÉ RUBI
RÉCOLTE 2015	SÉCHAGE VOIE SÈCHE

TORRÉFIÉ : 7 AVRIL 2016

| | 250 G | 3 MOIS |

留意廣告陷阱

「咖啡濃度」

有些包裝上會標示咖啡濃度，除了用數字或「濃烈」、「溫和」等字眼，沒有其他說明。這種標示的目的主要在於行銷，算不上是實質有用的資訊。咖啡的濃度取決於水粉量，沖煮方式不同，比例當然也有差異。所以說，咖啡濃度與沖煮法息息相關。批發型咖啡包裝上的濃度，多半指的是「烘焙程度」或「研磨顆粒細緻度」，說穿了就是苦味程度。

「使用 100%阿拉比卡咖啡豆」

質量較好的咖啡豆基本上都源自阿拉比卡種。

「慢焙咖啡」

花時間慢慢烘焙當然比快速爆豆要好，但咖啡豆的烘焙並不是慢就等於烘焙得當。根據烘焙曲線不同，烘焙 12 分鐘的咖啡豆有可能比烘焙 18 分鐘的要好，所以說「慢焙」並不等於「高品質」和「高級」。

挑選單品咖啡

購買現成的研磨咖啡粉，既不能確定品質令人滿意，也不能保證存放期限。
唯有咖啡專家能同時掌握咖啡的烘焙度和新鮮度。
若想在家沖一杯好咖啡，還是多花點心思，請專家推薦適合自己口味的咖啡豆。

向咖啡烘焙師購買

咖啡烘焙師必須對這項工藝有著極高的熱情，要能掌握咖啡的烘焙日期、栽種情況、香味特性，並根據咖啡豆建議最適合的沖煮方式，以及根據客人需求建議或調整研磨粒徑。

如何判斷好的咖啡烘焙師：

1 咖啡豆應於室溫保存，置於桶倉或適合的容器。
2 烘焙過的咖啡豆看起來是明亮的深紅褐色，可以看出烘焙師的技術。
3 推薦清單不應過長（最多十五款咖啡豆），才能保證咖啡豆的新鮮度，以及對於烘焙曲線的精確掌握。

應該避免的那種咖啡烘焙師：

1 裝生咖啡豆的袋子直接靠著玻璃櫥窗擺在地上，一眼就可以看出豆子並非以最佳方式保存，這麼做會縮短咖啡豆的保存期限。
2 採收日期久遠，表示咖啡豆屬於舊豆。
3 烘焙過的咖啡豆看起來顏色深沉，還泛著油光，表示烘焙過度，煮出來的咖啡會偏苦。

1

2

15
MAX

3

1

2012
2

3

跟咖啡店購買

咖啡調理師通常會跟咖啡烘焙師合作，在店裡販賣高品質的咖啡豆，有時客人在買豆子前還可以先在店裡先品嚐。咖啡調理師通常會自己選豆子，所以能提供客人不少建議，包括最適合的沖煮方式，可以趁買豆子的時候把握機會多加詢問。

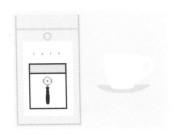

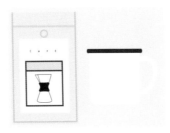

卓越杯咖啡大賽

1999 年，世界各大咖啡協會、咖啡生產國和非營利機構共同創辦了卓越杯（Cup of Excellence），每年輪流在不同國家舉行。在比賽中得到特等的咖啡會立刻被放在網路上競標拍賣，獲勝的生產者也會因此而聲名大噪。畢竟對消費者來說，卓越杯等同咖啡風味和品質的保證。

在家如何保存咖啡豆？

生咖啡豆是很脆弱的產品，難以保存，經過烘焙之後會變得更加脆弱。
如果想盡可能留住咖啡豆的香氣，你可以採取幾個簡單的保存步驟。

不易變質但脆弱

咖啡其實是不容易變質的食品，跟一般易變質的食品不同，就算過了所謂的最佳賞味期限才飲用也不會造成太大的危險，唯獨咖啡中的營養成分與刺激官能的分子隨著時間過去一起流失了。不論是咖啡豆還是研磨咖啡粉，存放的建議皆同；然而咖啡粉接觸空氣的表面積較大，加上研磨過程中會使二氧化碳（咖啡豆中的天然防腐劑，在豆體中加壓隔絕氧氣）逸散，因此變質速度較快。

不利於咖啡的條件
• 高溫
• 氧氣
• 潮溼
• 太過乾燥的環境
• 光線

儲藏咖啡的位置

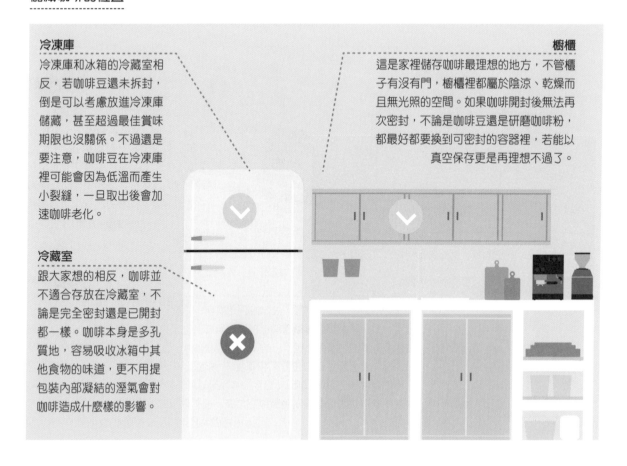

冷凍庫

冷凍庫和冰箱的冷藏室相反，若咖啡豆還未拆封，倒是可以考慮放進冷凍庫儲藏，甚至超過最佳賞味期限也沒關係。不過還是要注意，咖啡豆在冷凍庫裡可能會因為低溫而產生小裂縫，一旦取出後會加速咖啡老化。

冷藏室

跟大家想的相反，咖啡並不適合存放在冷藏室，不論是完全密封還是已開封都一樣。咖啡本身是多孔質地，容易吸收冰箱中其他食物的味道，更不用提包裝內部凝結的溼氣會對咖啡造成什麼樣的影響。

櫥櫃

這是家裡儲存咖啡最理想的地方，不管櫃子有沒有門，櫥櫃裡都屬於陰涼、乾燥而且無光照的空間。如果咖啡開封後無法再次密封，不論是咖啡豆還是研磨咖啡粉，都最好都要換到可密封的容器裡，若能以真空保存更是再理想不過了。

各種咖啡包裝

隨著時代進步，咖啡的包裝也逐漸改變，但無論如何重點都是盡可能保持咖啡的新鮮度。

以多層紙袋或牛皮紙袋封裝

 包裝簡單，價格最實惠。

- 袋上沒有排氣閥，咖啡氣體無法自然排出。
- 不適合儲存

最佳
賞味期限　不可考

可重複密封的夾鏈袋
附有單向排氣閥

 適合儲存

 價格昂貴

大多數的手工豆烘焙師會選用此種包裝來保存咖啡豆的新鮮度。

最佳
賞味期限　不開封可保存三個月；一旦開封，咖啡豆在幾天內就會老化並失去鮮度。

充氮罐裝或袋裝

 通常是精品咖啡或工業咖啡的烘焙師在使用

- 最佳儲存方式
- 氮氣是中性氣體，可取代會使咖啡豆氧化出油的氧氣。
- 附單向排氣閥

設備與運輸成本高

最佳
賞味期限　較長，可存放一年。

真空袋裝
有／無排氣閥

 主要為工業咖啡用

 是儲存咖啡豆的正確方式

- 揮發性的香味在抽真空的過程中會一併被抽走
- 無法重複密封

最佳
賞味期限　不開封可保存三個月；一旦開封，咖啡豆在幾天內就會失去新鮮度。

咖啡杯測

為了測試一批咖啡豆的品質和質地，業界發展出一種稱為「杯測」的標準品測法。
即使在家，我們也能用簡單有趣的杯測方法來探索不同的咖啡。

什麼是杯測？

杯測主要是檢視浸入水中而未經過濾的研磨咖啡粉。

- 以一袋或多袋樣品來評估一批次咖啡的香味內容和品質
- 找出咖啡潛在缺陷
- 提供做為混豆的參考

杯測的技術是咖啡生豆採購者不可或缺的技巧。

所需器材

杯測應依照國際標準並嚴格遵守各項規則，才能讓咖啡業界的各領域人士
（咖啡生產者、咖啡生豆採購家、咖啡烘焙師等）有效溝通。

杯測碗或 200 毫升的玻璃杯

杯測匙：容量 8-10 毫升的銀製
圓形湯匙，用來快速散熱

電子秤：待評鑑的咖啡豆
每款 12 公克，杯測前研磨

咖啡研磨機

天鵝頸熱水壺：裝 200 毫升礦泉水
（建議使用 Volvic® 或 Montcalm®）
加熱至 92-95℃備用

計時器：浸泡研磨
咖啡粉 4 分鐘

杯測評鑑表

操作方法

評鑑乾燥的研磨咖啡粉

用磨豆機研磨一次所需的咖啡粉份量（篩粉 *），聞一聞咖啡此時釋放出的乾香氣，是否屬於令人愉悅的香氣？香味讓人聯想到什麼？這個階段進行的時間要快，因為乾香是不穩定的香味因子，很快就會揮發。在研磨下一種要杯測的咖啡豆樣品之前，先丟幾顆同款的豆子進去研磨，藉此清理磨豆機（避免樣品交叉影響）。

評鑑溼潤的研磨咖啡粉

在裝了研磨咖啡粉的杯測碗中倒入熱水，同時開始計時。咖啡粉會浮到上層形成粉層，靜置 4 分鐘讓溼香氣能充分釋放。

用杯測匙背面撥開咖啡粉層「破渣」，然後輕輕攪拌三圈。破渣的同時，鼻子靠近杯測碗上方深呼吸，這時應該會聞到粉層中蘊含的溼香氣。

部分的咖啡粉會沉澱至碗底。用杯測匙把浮在表面的粉渣撈除；旁邊準備一杯清水用來清洗杯測匙，尤其是當用同一支杯測匙撈兩種不同的咖啡渣時，更要特別注意清洗的步驟。

杯測評鑑表

不管做任何評鑑，最重要的是記錄結果。杯測的過程也不例外，在品嚐咖啡的同時也要寫下對咖啡的感想。評鑑表的格式有簡單也有複雜，主要記錄項目如下：

用杯測匙品嚐不同溫度的咖啡直到咖啡自然變涼

用杯測匙從杯測碗裡輕撈一點咖啡，啜飲入口後深吸氣，讓咖啡在口中流動，使香氣能擴散到整個口腔，並由鼻後嗅覺判斷香氣。除了香氣，也要仔細評估咖啡在口腔裡的感受，嚐起來是黏膩濃稠還是清淡如茶水？留在嘴裡的餘韻是持久愉悅或是很快就消散了？

* 譯註：依照規定，研磨咖啡粉的顆粒粗細必須能通過 20 號篩網。

香氣（乾香）：1-5
註記：草本味、五穀味、堅果味、漿果味、熱帶水果味…
香氣（溼香）：1-5
註記：草本味、五穀味、堅果味、漿果味、熱帶水果味…
風味：1-5
註記：草本味、五穀味、堅果味、漿果味、熱帶水果味…
餘韻：1-5
酸度：1-5
濃度：（淡-濃）
醇度：1-5（清爽-濃稠）
一致性：1-5
平衡度：1-5
清澈度：1-5
甜度：1-5

咖啡風味輪

品嚐咖啡時，可以借助風味輪來辨認咖啡的風味和香氣。風味輪可單獨使用，或與通用的感官詞彙（Sensory Lexicon）結合，來描述各式香味和口感的強烈程度，以便做為沖煮咖啡的依據。

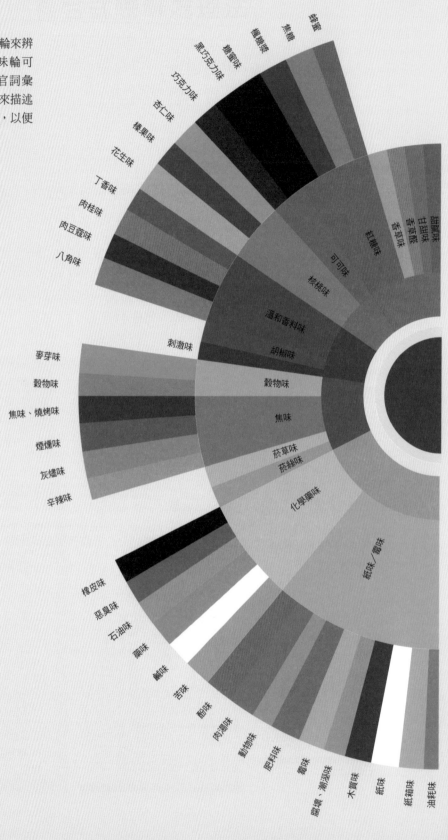

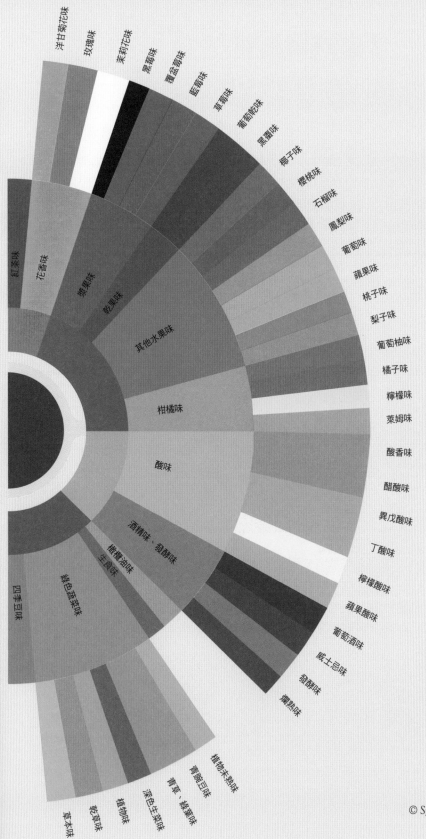

洋甘菊花味
玫瑰味
茉莉花味
黑莓味
覆盆莓味
藍莓味
草莓味
葡萄乾味
黑醋栗味
椰子味
櫻桃味
石榴味
鳳梨味
葡萄味
蘋果味
桃子味
梨子味
葡萄柚味
橘子味
檸檬味
萊姆味
酸香味
醋酸味
異戊酸味
丁酸味
檸檬酸味
蘋果酸味
葡萄酒味
威士忌味
發酵味
燜熟味

紅茶味
花香味
漿果味
乾果味
其他水果味
柑橘味
酸味
酒精味、發酵味
橄欖油味
生青味

如紙板味
如塑料包裝
如石油味
如木頭味
如草藥味
如咖啡味
如樂天堂果
如青草、綠味
如豆腐味
植物末熟味

© Specialty Coffee Association of America
© World Coffee Research

低咖啡因咖啡

咖啡可以刺激腦部並且提高警覺性，但這些作用對某些人來說也可能是咖啡的缺點。
為了解決這個問題，人們不斷研發降低咖啡因的方法。

起源與發展

德國化學家費里德里希·費赫迪南·倫格（Friedlieb Ferdinand Runge）在 1898 年發現咖啡因。自十九世紀末以來，科學家不斷研究如何抑制咖啡因的作用，想去除咖啡因成分並保留咖啡中其他物質。1903 年，咖啡商羅賽·魯斯（Ludwig Roselius）首次將去除咖啡因的豆子商品化；此項技術經過不斷改良之後逐漸成熟。然而去咖啡因的程序需從生咖啡豆開始處理，而且去除咖啡因的咖啡豆不易烘焙，香味更是大打折扣。

你知道嗎？
歐洲法規規定，低咖啡因的咖啡豆其含量為 0.1％，即溶咖啡則是 0.3％。

化學溶劑萃取法（傳統法）

以化學溶劑萃取咖啡因，分為直接與間接兩種方式。

直接溶劑：

 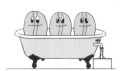  

1 利用蒸氣濕潤生咖啡豆，或是浸泡熱水，讓毛孔打開。

2 倒入溶劑，開始去除咖啡因的過程。

3 盡量洗淨咖啡豆上殘留的溶劑。

4 咖啡豆烘乾之後即可進入烘焙階段。

間接溶劑：
咖啡豆不會直接接觸到溶劑。

1 將生咖啡豆浸泡極熱的水，熱水會將咖啡的可溶物質全萃取出來。

2 取出咖啡豆，將咖啡液倒入另一個容器與溶劑混合，萃取出咖啡液中的咖啡因。

3 加熱咖啡液，使咖啡因隨著溶劑一起蒸發。

4 將同一批咖啡豆浸回已去除咖啡因的咖啡液中，讓生豆重新吸收流失的成分。

水萃取或瑞士水處理法（SWP）

這種方法於 1933 年發明，不需藉由化學溶劑，並且在八〇年代商業化，註冊商標為瑞士水處理法（The Swiss Water® Process）。

1 將第一批生咖啡豆浸泡極熱的水，萃取出咖啡因和所有芳香分子。

2 用活性碳過濾掉咖啡液中的咖啡因（分子較大），保留其他小分子。將第一批生豆丟棄不用。

3 將第二批生咖啡豆浸泡已去除咖啡因的咖啡液，萃取出豆子中的咖啡因成分，讓豆子保留本身的芳香分子（因為溶液已呈飽和）。

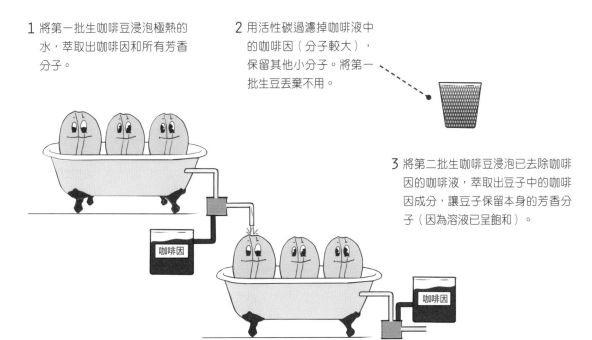

4 用活性碳再次過濾掉咖啡液中的咖啡因，接著浸泡第三批生豆。第二批生豆則送去乾燥處理。

二氧化碳高壓萃取法

這個方法較新也比較貴。將二氧化碳加熱至 31℃並加壓至 200 巴，二氧化碳就會變成幾乎與液體相同密度，成為所謂的「超臨界流體二氧化碳」。

1 將咖啡豆裝在容器裡泡水，使之溼潤。

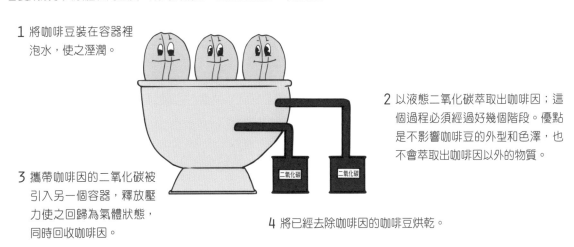

2 以液態二氧化碳萃取出咖啡因；這個過程必須經過好幾個階段。優點是不影響咖啡豆的外型和色澤，也不會萃取出咖啡因以外的物質。

3 攜帶咖啡因的二氧化碳被引入另一個容器，釋放壓力使之回歸為氣體狀態，同時回收咖啡因。

4 將已經去除咖啡因的咖啡豆烘乾。

4

咖啡從哪裡來

栽種咖啡

在成為全世界最受歡迎的飲品前,「咖啡」指的是咖啡樹的果實裡頭的種子（生豆）。
咖啡豆跟可可豆一樣,是充滿異國情調農產品,只有在某些特定地區才有生產。

咖啡果

咖啡豆是咖啡果實裡的種子,通常每顆果實內含兩粒種子;有時也可能只有一粒種子,這種咖啡果被稱為「圓豆」（peaberry）或「公豆」（caracoli）。當然,也有完全不含種子或兩顆以上種子的情況。

咖啡果實最初呈現綠色,在成熟的過程中會逐漸轉變成紅色、黃色甚至橘色,成熟後的顏色則依品種為準。

小歷史

根據推測,咖啡起源於阿比西尼亞帝國（Abyssinia）時期,生長在衣索比亞高原上。人類發現咖啡的確切時間無從考究,但據說衣索比亞人很早就會萃取咖啡果肉的汁液。還有一種說法,咖啡在十世紀時已經越過紅海進入阿拉伯世界。由於伊斯蘭教禁止酒精,咖啡振奮精神的效果因而大受歡迎。咖啡接著於十五世紀傳入鄂圖曼土耳其帝國,並在十七世紀進入西方世界。

內果皮

內果皮位在咖啡果實內,是包覆在種子外的一層保護硬殼。

果膠

果膠是附著在果肉與內果皮之間的膠狀物質,摸起來就像黏液一般。

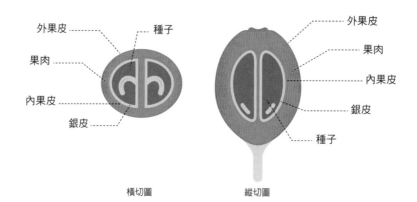

外果皮　種子
果肉
內果皮
銀皮
橫切圖

外果皮
果肉
內果皮
銀皮
種子
縱切圖

小量生產

一棵咖啡樹每年可生產 1.4-2.5 公斤的果實（有些品種較多產）,可剝出大約 266-475 公克的生咖啡豆。經過烘焙後,實際剩下的咖啡豆重量約 204-365 公克左右。由此可知,單一棵咖啡樹所能生產的咖啡豆非常少,有時候連一包 250 公克的標準包裝袋都還裝不滿呢!

一棵咖啡樹

1.4 公斤 < 咖啡果 < 2.5 公斤
||
204 公克 < 烘焙咖啡豆 < 365 公克

阿拉比卡的種植條件

阿拉比卡咖啡豆的種植區域，位在北回歸線與南回歸線之間的熱帶地區。

亞熱帶地區

亞熱帶的咖啡種植區域位在海拔 600-1200 公尺，有明確的乾、溼季之分，每年收成一次。

熱帶地區

熱帶的咖啡種植區域位在海拔 1200-2400 公尺，頻繁的雨季能誘發開花，促使二次收成（第一次收成在雨水豐沛期，第二次收成在雨量較少的季節，產量也較少）。

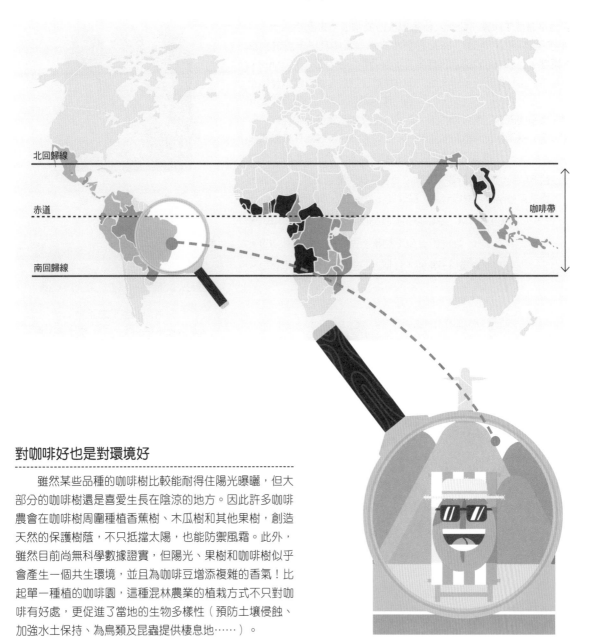

北回歸線

赤道

南回歸線

咖啡帶

對咖啡好也是對環境好

　　雖然某些品種的咖啡樹比較能耐得住陽光曝曬，但大部分的咖啡樹還是喜愛生長在陰涼的地方。因此許多咖啡農會在咖啡樹周圍種植香蕉樹、木瓜樹和其他果樹，創造天然的保護樹蔭，不只抵擋太陽，也能防禦風霜。此外，雖然目前尚無科學數據證實，但陽光、果樹和咖啡樹似乎會產生一個共生環境，並且為咖啡豆增添複雜的香氣！比起單一種植的咖啡園，這種混林農業的植栽方式不只對咖啡有好處，更促進了當地的生物多樣性（預防土壤侵蝕、加強水土保持、為鳥類及昆蟲提供棲息地……）。

咖啡樹的生命周期

種植咖啡需要極大的耐心，因為咖啡樹至少要等三年才會結出第一顆果實，有時甚至得等上五年。

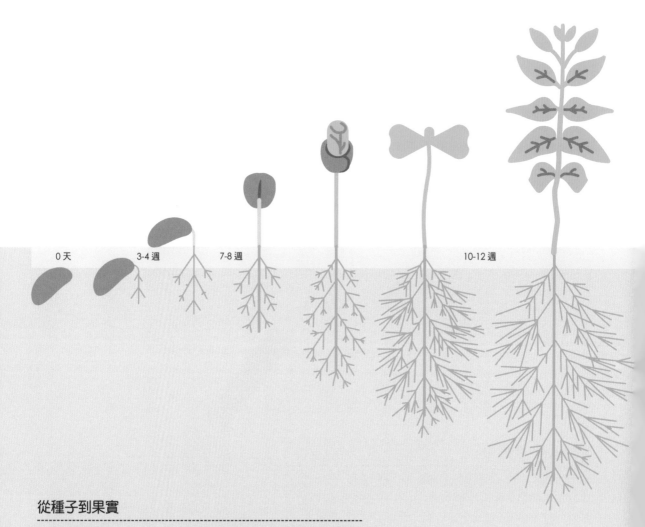

0 天　　3-4 週　　7-8 週　　10-12 週

從種子到果實

　　在良好的生長環境下，咖啡樹的種子需要三到四週才會發芽，然後再經過三到四週才會長出根部。內果皮的尖端處會長出一條莖，將種子撐起並且頂出土壤，看起來就像戴著鋼盔的阿兵哥。在十到十二週時，內果皮剝落，讓出位置給葉子生長；新生的葉子為偶數對稱，色澤偏深綠色。經過三到五年之後，咖啡樹才會結出第一批果實。

40 | 60 公分

2 | 3 公尺

6-9 個月

3-5 年

開花結果

咖啡樹通常在下過雨後才會開花，花開之後還要再過六到九個月，果實才會成熟並且可以採收。要是第一場雨持續得不夠久，咖啡果實無法以相同的速度生長，因此會在同一根樹枝上同時看到綠色和紅色的果實。也因為如此，採收咖啡果得非常小心，而且得分成幾次進行。

在同一根樹枝上，可以發現成熟度不同的咖啡果實。

早點播種，早點喝咖啡

咖啡種子的發芽能力會隨時間退化：儲存三個月之內的種子發芽能力是 95%，儲存三個月以上剩下 75%，儲存九個月以上則降低至 25%，存放超過十五個月的種子其發芽能力已所剩無幾。將種子裝入真空袋並儲存於 15℃ 的環境下，能延長種子發芽能力最多六個月。

栽種大小事

前面提到咖啡樹的生命週期屬於理論通則，
在實際栽種方面還有許多可以討論的細節。

咖啡的傳宗接代

咖啡樹繁殖的主要方式有兩種：插枝和播種。

插枝
從成熟的咖啡樹採樣，將帶葉的枝條裁剪成段，每段上頭帶一對葉子，葉片剪掉一半，以葉片朝上的方式插入苗圃中。新的根與葉長出來後，原本的枝條上會慢慢長出側枝，接下來的發展就與播種大同小異了。插枝法屬於無性繁殖，長出來的枝葉其基因會與原生枝條一模一樣。

播種
播種法選用成熟的咖啡果實，以提供最佳發芽條件。被挑選的果實去皮之後會經過一段短暫（少於十小時）的發酵程序，再將種子乾燥和處理過就可以開始種植了。種子通常會先被放進裝有腐土（質輕鬆散的肥料）的塑膠育苗盆內，以利發芽生長。

用於插枝法的咖啡枝條

苗圃
不論是插枝或播種，一般來說都是在苗圃而非在田裡直接進行；這麼做不僅方便控管生長環境，也能提供更好的保護（遮蔭與防擾設備）。等到新生的枝葉夠強壯，長出大約十多對葉子，高度達到 40-60 公分時，就可以移到田裡定植，讓咖啡樹繼續生長。

咖啡的育苗苗圃

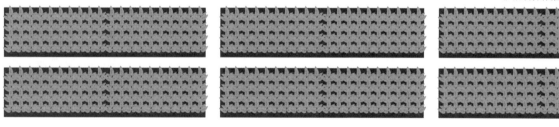

那咖啡樹該如何傳粉？
傳粉的主要媒介是風，因為小果咖啡（阿拉比卡）屬於自花授粉的灌木，實際上藉由昆蟲傳粉受精的比例很少，只有 5-10%左右。

海拔高度決定咖啡風味

　　海拔越高，氣候就越涼爽，咖啡成熟的速度也就越慢，而咖啡豆的密度也會較高。簡單來說，栽種海拔越高的咖啡，就越能發展出明確的酸味、更有深度的香味和較佳的口感。

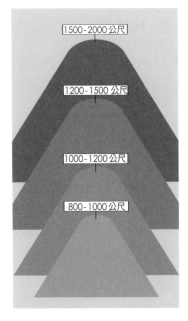

高度對香氣的影響：

- 1500-2000 公尺：花香味、香料味、水果味、酸味，香氣較為複雜
- 1200-1500 公尺：香氣較濃郁，並且發展出酸味
- 1000-1200 公尺：微酸，風味圓潤
- 800-1000 公尺：不酸，無複雜香氣

圖中標示：
1500-2000公尺
1200-1500公尺
1000-1200公尺
800-1000公尺

有機咖啡

　　有機耕種法並非主要生產方式，大多數的咖啡生產者仍會使用農藥。可惜的是，從咖啡口味來看，是不是有機種植對咖啡的風味沒有太大影響，所以無法成為促使咖啡農改變生產方式的誘因。不過在某些國家，例如衣索比亞，咖啡農因成本太高而不使用機器耕種，反而間接實行了有機種植，但不受有機農業認證。巴西身為全球名列前茅的咖啡生產國，其國內知名的 FAF 莊園（Fazenda Ambiental Fortaleza）就是自發性地選擇以有機方式來生產咖啡。

咖啡樹的敵人

　　阿拉比卡咖啡在生長過程中可能會遭遇不少自然災害（細菌、蟲害、霜害等），其中最強勁的兩個敵人就是咖啡駝孢銹菌（Hemileia vastatrix）和咖啡果小蠹（Hypothenemus hampei）。

咖啡駝孢銹菌

十九世紀出現於斯里蘭卡，現在幾乎早已傳遍全球咖啡生產國。咖啡駝孢銹菌會在雨季時感染葉片，妨礙葉子行光合作用直至葉片脫落，使咖啡樹變得衰弱並停止生長。這種病菌所引發的疾病會嚴重影響咖啡收成量，咖啡農只得改種抵抗力強的混種咖啡品種來對抗病菌。

咖啡果小蠹

這是一種體型微小的鞘翅目昆蟲（雌蟲身長 2.5 公釐，雄蟲 1.5 公釐），發源於非洲，目前在大部分的咖啡生產國都能見到它的蹤影。雌蟲會在未成熟的咖啡果實表面挖通道至內部產卵，孵化的幼蟲則以咖啡種子做為食物來源。

受到咖啡駝孢銹菌攻擊的咖啡葉

咖啡果小蠹

咖啡品種

自人類開始種植咖啡以來，說得更精確一點，
從開始栽種阿拉比卡咖啡的幾個世紀以來，咖啡已經發展出各種品種。
想種出品質又好產量又高的咖啡，就得深入了解品種與風土之間的關聯。

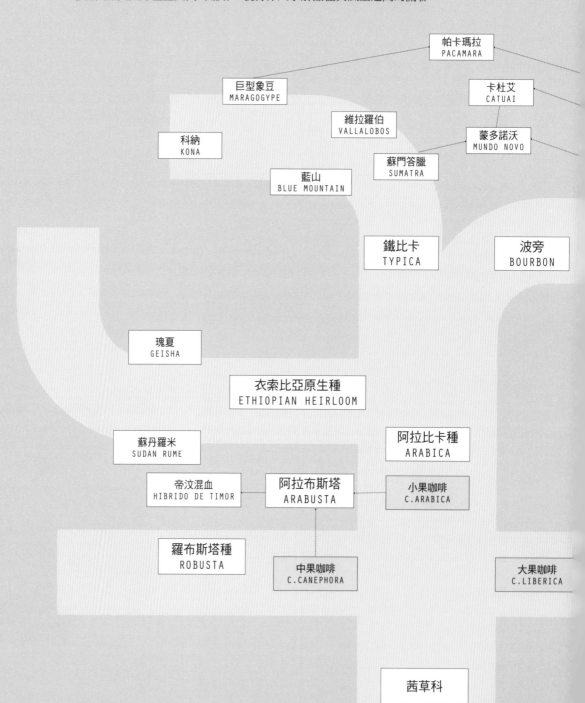

什麼是變種？

變種是植物學的一種分類級別，位階在「種」之下。例如小果咖啡（阿拉比卡）就是屬於咖啡樹的其中一個種，而鐵比卡則是小果咖啡的變種。變種可能藉由突變或混種而產生，並且在外型與果實大小等特徵會表現出與原種的差異。

突變

突變是指新生的咖啡樹與原種相比，產生了外觀上的改變（樹幹、果實和樹葉的大小及形狀）。突變的咖啡樹要是在繁衍之後能留下新的外觀特徵，就可以被認定為新品種。

混種

混種是以自然選擇或是人為改良的方式，將兩個不同品種的咖啡基因混合，產生新的品種。

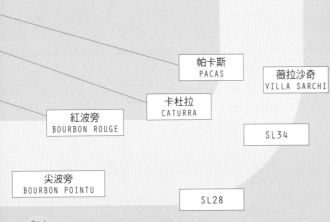

帕卡斯
PACAS

薇拉沙奇
VILLA SARCHI

卡杜拉
CATURRA

紅波旁
BOURBON ROUGE

SL34

尖波旁
BOURBON POINTU

SL28

著名的混種咖啡

伊卡圖＝
（〔阿拉比卡＋羅布斯塔〕＋蒙多諾沃）＋卡杜艾

卡提摩＝
卡杜拉＋帝汶混血

莎奇摩＝
薇拉沙奇＋帝汶混血

魯伊魯 11＝
蘇丹羅米＋帝汶混血＋ SL28 ＋ SL34

羅布斯塔

事實上，羅布斯塔不算是咖啡樹的一個品種，而是中果咖啡的變種。現在大家提到中果咖啡通常直接與羅布斯塔畫上等號，因為羅布斯塔不但是最古老的變種，也是中果咖啡底下五個變種之中種植數量最多的；這五個變種分別為羅布斯塔、庫伊路（Kouillou）、科尼倫（Conilon）、吉媚（Gimé）和尼亞烏利（Niaouli）。

帝汶混血
自然雜交品種

阿拉布斯塔家族是由小果咖啡與中果咖啡雜交而成，在這個家族中最早出現也是最主要的混血品種就是帝汶混血品種。它的風味強烈而且抗病力強，所以經常用來和其他咖啡品種混種。

賴比瑞亞種
LIBERICA

採收季與新鮮生咖啡豆

咖啡來自遠方,從果實的採收、處理生咖啡豆,再交到烘焙師的手中,
得經過非常多的程序,實在很難把咖啡想成是有季節性的新鮮食品。
然而咖啡的季節性和新鮮度,卻是讓單品咖啡好喝的重要條件。

季節性產品

依照種植區域不同(熱帶或亞熱帶地區),咖啡每年可收成一次或兩
次;第一次是主要收成期,第二次的收成量較少。每個國家的收成期長短
不同,但很少有咖啡可以持續採收一整年。因此,咖啡和所有其他農產品
一樣,屬於「季節性」產品。如果想要根據季節來品嚐當季咖啡,最好備
有每個咖啡生產國的收成月曆做為參考(見右頁)。

咖啡沒有「越陳越香」這回事

咖啡不像葡萄酒,不會依年分來鑑別品質。不過就跟大廚會挑季節性食材
來烹飪一樣,單品咖啡的烘焙師也會挑選「當季咖啡」來烘焙。

新鮮度

生咖啡豆的新鮮度決定了咖啡品
質與風味的最佳賞味期,通常可維持
幾個月,在特殊條件下可長達一年。
若用真空密封袋冷凍保存可以延長這
個期限,不過這個方法也有限制,除
了需要付出額外成本,解凍開封後的
咖啡豆老化速度更快。

出生日期

咖啡包裝的日期標示

目前咖啡外包裝上所標示的通
常是咖啡豆的烘焙日期,很少
會標示採收日期;若想進一步
了解,可向咖啡烘焙師詢問採
收相關資訊。

舊豆與老豆

「舊豆」(past crop)是指前一年採收的咖啡豆,這種豆子已經進入衰退週
期,沖煮之後風味有可能消失殆盡。咖啡豆裡的油脂會隨著時間降解、氧化,含
水率(約11%)也會越來越低;若是儲存條件不佳也可能會受潮,如此一來會更
加凸顯咖啡的木質味,並大幅降低酸味。有些保存不佳的咖啡豆還會散發麻布袋
的味道(參見第46頁),這種咖啡豆被稱為「老豆」(old crop)。會變成老豆
可能是在原產地的乾燥與儲存環境不好,或是在烘焙前的運送及儲藏條件不佳。
另外老豆也可能是指放置一至兩年以上的豆子。

咖啡收成月曆

每個國家的咖啡收成情況不同，時程也不同，一年之中會有一至兩次的收成機會。關於各國咖啡種植及採收細節，可以參見第 148 頁之後的介紹。

	一月	二月	三月	四月	五月	六月	七月	八月	九月	十月	十一月	十二月
玻利維亞												
巴西												
蒲隆地												
哥倫比亞												
哥斯大黎加												
薩爾瓦多												
厄瓜多												
衣索比亞												
瓜地馬拉												
夏威夷												
宏都拉斯												
印度												
印尼（蘇拉威西）												
印尼（蘇門答臘）												
牙買加												
肯亞												
法屬留尼旺島												
墨西哥												
尼加拉瓜												
巴拿馬												
祕魯												
盧安達												

傳統咖啡處理法

咖啡果實在成熟得恰到好處時被採收，必須再經過乾燥處理
才能取出咖啡豆，而這處理方法則會對咖啡的香氣產生重要的影響。

採收咖啡

採收咖啡主要以人工方式，只摘取成熟、完整的咖啡果（依品種分成紅色和黃色），留下過熟或太生的果實（深色或青綠色）。因為咖啡果成熟時間不一致，收成也得分成好幾次進行，才能保證採收果實的品質。採收工人的薪水通常以重量計算，每人每天約可摘採 50-120 公斤的咖啡果。另一種收成方式是直接將樹枝上所有的咖啡果一次全部摘採下來，這麼做既快速又能保證數量。

機器採收則是先設定力道，再讓機器搖晃拍動樹枝，只讓已經成熟的咖啡果掉下來；這種方法最適合阿拉比卡咖啡，因為小果咖啡的果實較容易脫落。不過機器採收有地形上的限制，只適合在海拔不高、坡度不陡的咖啡種植區。咖啡果在乾燥之前可存放 8 小時，超過 8 小時就會開始發酵，甚至可能會散發出腐臭的酸味。

農夫會先摘下樹枝上成熟的咖啡果，留下生的果實等待成熟。

乾式處理法：日曬

用這種乾燥法處理的咖啡稱為「自然咖啡」或「日曬咖啡」（相對於「水洗咖啡」），果實在處理過程中可以保持完整，並保留所有成分。

地區：乾溼季節分明的國家，例如巴西、衣索比亞、巴拿馬、哥斯大黎加。

所需時間：10-30 天

方法：在空地或水泥地上平鋪一層咖啡果，能鋪在非洲式高架棚上更好。每層果實的理想厚度約兩顆果實高，得經常翻動使果實均勻風乾，夜晚則需覆蓋以避免受潮。在日曬過程中，咖啡果的含水率會從 70％降低至 15-30％，一直降低到 10-12％才是儲存咖啡豆的理想含水率。

成果：咖啡豆帶有強烈的水果香氣，會在口鼻中爆發開來，但餘韻可能會不夠清澈明確。有時聞起來有濃烈的酒味，讓人聯想到葡萄酒，若是處理不好則會變成類似醋味。

＋ 工具和設備的投入成本較低

━ ・收成風險較高（雜質、昆蟲、腐爛……）
・需要大片土地，尤其是收成期高峰，要有足夠空間來曬全部的咖啡果。
・需要大量人工小心照顧，才能確保乾燥成果與水洗法一樣均勻。

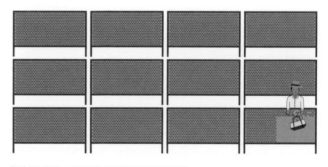

非洲式高架棚：有腳架的織網能讓咖啡果更通風

溼式處理法：水洗

這個方法是在十七世紀由荷蘭人發明出來的。因為爪哇島的溼度極高，降雨又急又烈，要實行日曬法簡直難如登天。

地區：潮溼多雨的國家，例如衣索比亞、肯亞、盧安達、薩爾瓦多、哥倫比亞、巴拿馬。

所需時間：
- 6-72 小時發酵（平均至少要 12-36 小時）
- 4-10 天乾燥

方法：用機器去除果皮和果肉，然後將種子浸在水中使其發酵，以去除果膠黏膜。取出的咖啡豆要再次清洗並完全乾燥。

成果：比日曬處理的咖啡豆乾淨，但醇度較低而且酸味較強烈。

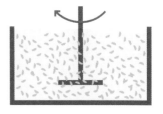

咖啡果的乾燥處理
藉由控制空氣或水來控管發酵程序，讓咖啡外果皮變軟，方便取出裡頭的種子（咖啡豆）。

+ 由於果膠的酶和水中微生物的作用，咖啡豆的酸鹼值會降到 5 以下，賦予其鮮明的酸味。
− 需要使用大量的水（水洗 1 公斤咖啡果可用掉 100 公升的水）。雖然已發展出水資源再利用系統以減少浪費，但發酵過程中產生的硝酸鹽還是會造成水質的汙染。

步驟：

① 將咖啡果浸入水槽，成熟的果實會沉入水槽底部，不夠熟或有殘缺的果實則會浮到水面上。

② 篩選出「好」的咖啡果，放入機器去除外皮和部分果肉，留下種子（咖啡豆）。

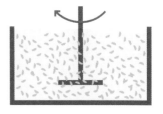

③ 將附著一層黏膜的咖啡種子泡水，等待發酵並藉此分解果膠。水槽的最高溫度為 40℃，過程中會不斷翻動種子使其均勻發酵。

④ 把豆子送入水洗池清洗，並進行第二次篩選（熟豆會沉到池底而瑕疵豆會浮在水面）。

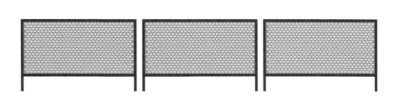

⑤ 將咖啡豆平鋪在非洲式高架棚曬乾，或用烘乾機熱風乾燥，直到含水率降至 10-12%。

複合式咖啡處理法

融合乾式與溼式處理法，各取所長，
最後生產出來的咖啡也會有不同的風味。

複合處理法

半日曬法

1990 年由巴西人改良的處理法：先用溼式處理法選
豆，再用自然乾燥的方法發酵。

蜜處理法

除了巴西以外的中美洲國家將半日曬法稱為「蜜處理
法」。由於咖啡豆外層果膠的糖度極高，因此稱之為
「蜜」；留下的果膠越多（也就是剔除的果肉越多），
日曬後果皮的顏色就越深。

白蜜	黃蜜	紅蜜	黑蜜
10-20%果膠	25-50%果膠	50-95%果膠	保留最多果膠

蜜處理程度：依照保留的果膠多寡和顏色來分級

半水洗或溼刨法

利用溼式處理法的第一步驟，再分成兩階段乾燥。

地區：蘇門答臘和蘇拉威西；為印
尼特有的咖啡處理法。

所需時間：
- 浸水發酵通常需要一晚
- 已去除外果皮的咖啡豆需 5-7 天
  日曬乾燥

方法：去除果皮的咖啡豆浸在水洗
池中，經由發酵去除果膠，再日曬
乾燥至含水率剩下 40%。接著使
用溼式脫殼機去除內果皮，機器產
生的震動可以順便烘乾。

所需時間：7-12 天（視天氣條件而定）

方法：經由機器去除果肉並挑選豆子，成熟的咖啡
果肉較軟，不熟的果肉較硬。帶著果膠的咖啡豆
還附著外果皮，直接鋪在高架棚上接受陽光曝曬乾
燥，平鋪厚度約 2.5-5 公分，期間必須經常翻動使
其均勻乾燥。

成果：蜜處理的咖啡風味乾淨，醇度高，有很棒的
酸味，沖煮後的口感較接近自然日曬的咖啡豆。

+
- 不需要用到水
- 篩選度高
- 生產出的咖啡品質均一

− 去果皮設備的投資成本高

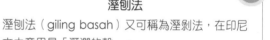

溼刨法

溼刨法（giling basah）又可稱為溼剝法，在印尼
文中意思是「溼潤的殼」。

成果：不酸且高醇度的咖啡。

+ 因應印尼特殊氣候條件而發展
出的處理法。當地潮溼的天氣
延長了開花期，相對也使採收
期延長至一整年，使日曬時間
更受限制。

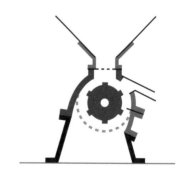

脫殼機：生豆去殼能加快乾燥速度

咖啡豆處理法小整理

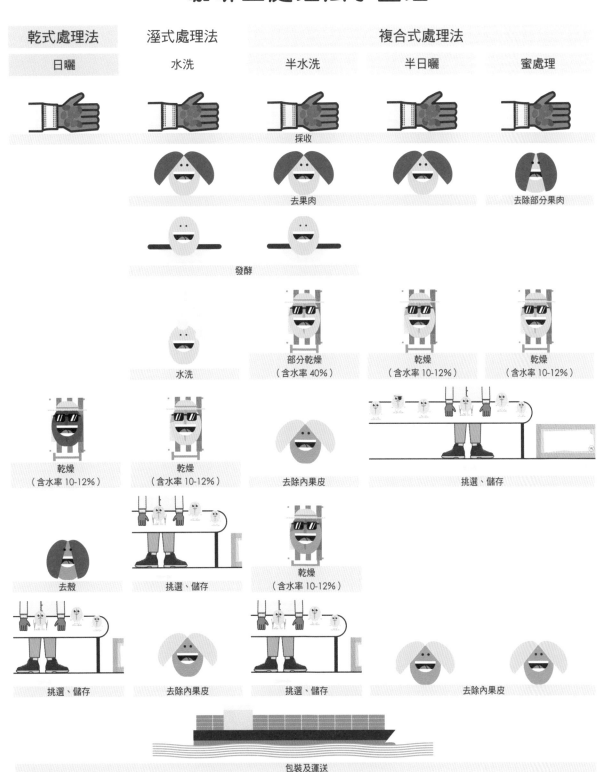

乾式處理法

日曬

溼式處理法

水洗

半水洗

複合式處理法

半日曬

蜜處理

採收

去果肉

去除部分果肉

發酵

水洗

部分乾燥
（含水率 40%）

乾燥
（含水率 10-12%）

乾燥
（含水率 10-12%）

乾燥
（含水率 10-12%）

乾燥
（含水率 10-12%）

去除內果皮

挑選、儲存

去殼

挑選、儲存

乾燥
（含水率 10-12%）

挑選、儲存

挑選、儲存

去除內果皮

挑選、儲存

去除內果皮

包裝及運送

咖啡豆去皮、篩選及分類

乾燥的咖啡豆還需要清理和篩選，最後包裝好才能運送到消費者所在國家。

清理咖啡豆

不管咖啡豆以何種方式乾燥，一旦完成乾燥程序就會被送往乾燥處理廠（dry mill），利用抽吸和過篩來剔除雜質（挾帶在整批咖啡豆之中的碎屑、砂礫、金屬殘片、灰塵、樹葉等）。

日曬法和半日曬法咖啡豆：送入脫殼機，利用金屬壁擠壓果實、碾碎「去殼」（指已經被曬乾的果皮和果肉），再利用壓縮空氣清除殘骸。

水洗咖啡豆：送入機器挑掉內果皮，再經過拋光以剔除內果皮和咖啡豆中間的那層銀皮（參考第 132 頁的咖啡構造圖）。

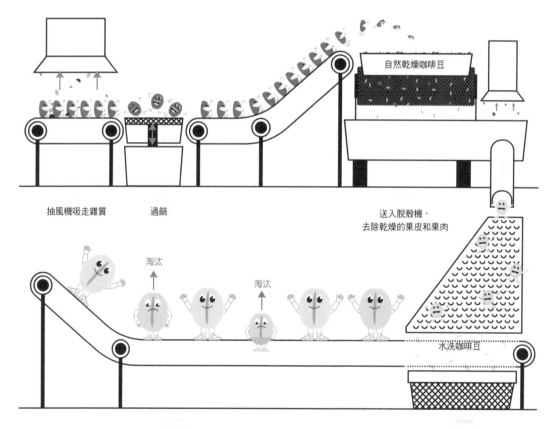

抽風機吸走雜質　　過篩　　　　　　　　　　　　　　　　　送入脫殼機，去除乾燥的果皮和果肉

自然乾燥咖啡豆

淘汰　　　淘汰

水洗咖啡豆

去除銀皮　　　　　　　　　　　　　　　　　　去除內果皮

挑選咖啡豆

咖啡豆清理過後，接著依照粒徑尺寸和顏色來挑選。

有缺陷的咖啡豆怎麼處理？

經挑選被剔除的豆子不就是直接丟進垃圾桶裡嗎？其實有專門接收這種「壞豆」（法文稱之為「brisures」，意指殘片、碎粒）的市場，將這些豆子送去製成工業濃縮咖啡和即溶咖啡，以另一種方式進入大眾市場。

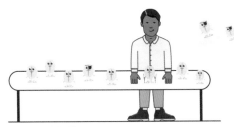

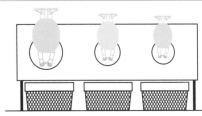

第一階段揀選

由機器或人工選出密度高（品質好）和密度低（品質差）的咖啡豆。

第二階段揀選

使用不同尺寸的篩網過篩，依咖啡豆的粒徑分類。

第三階段揀選

在附有顏色偵測器的輸送帶上進行顏色分類：

• 黑或顏色很深＝發酵的咖啡豆
• 淺色或白色＝不成熟的咖啡豆

一旦被判定是缺陷豆，就會被風力噴閥從運輸帶上清除掉。

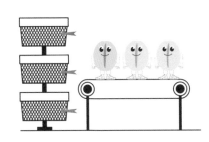

第四階段揀選

最後是以顏色來篩選咖啡豆，由女工坐在運輸帶旁以手工進行。

包裝

挑選完之後的咖啡豆，通常以袋裝的方式以便出口，不同的包裝方式如下：

麻布袋

傳統上會用麻布袋來裝咖啡。麻布袋可以承重 60-70 公斤，經濟、堅固、耐用，又能提供良好的保護。在麻布袋印上精美圖案，也創造出了另一種風格和流行。

真空包裝

從幾年前開始，買家會用真空袋來包裝價格昂貴的咖啡批次，再裝進紙箱運送。真空袋承重約 20-35 公斤不等，有些進口商會使用 10 公斤裝的真空袋來包裝產量較少的微批次。

GrainPro® 專業穀物包裝袋

內有多層塑料，專門設計用來延長乾燥穀物和種子的儲藏期，能較長時間保存生咖啡豆的潛在香氣。

咖啡生產地圖

從這張地圖可清楚看出世界咖啡生產地區，並附上前十大生產國的排名。

夏威夷

牙買加
海地
多明尼加
波多黎各
瓜德羅普

墨西哥
宏都拉斯

瓜地馬拉
薩爾瓦多
尼加拉瓜
哥斯大黎加
古巴
巴拿馬

8

10
7

委內瑞拉
千里達及托巴哥
蘇利南

3

哥倫比亞
厄瓜多
祕魯
玻利維亞

1
巴西

巴拉圭

獅子山共和國
象牙海岸
迦納
多哥
貝南
奈及利亞
喀麥隆
赤道幾內亞
加彭
剛果
剛果民主共和國
安哥拉

阿拉比卡生產國

羅布斯塔生產國

阿拉比卡及羅布斯塔生產國

中國

越南

菲律賓

尼泊爾

緬甸

葉門

蘇丹

中非共和國

寮國

衣索比亞

泰國

馬來西亞

肯亞

柬埔寨

斯里蘭卡

巴布亞紐幾內亞
新幾內亞

烏干達

盧安達

蒲隆地

印度

坦尚尼亞

尚比亞

印尼

莫三比克

馬達加斯加

澳洲

馬拉威

辛巴威

非

資料來源：國際咖啡組織（INTERNATIONAL COFFEE ORGANISATION, 2014）

衣索比亞

衣索比亞被認為是咖啡的發源地。與多數咖啡生產國不同的地方在於，衣索比亞的咖啡種植並非因殖民而開始的。當地有許多野生或半野生的咖啡樹，有半數甚至生長在海拔超過1500公尺的高原上。

衣索比亞少有咖啡莊園或大農場，咖啡樹生長在咖啡園、森林或半森林地區，由農民自己種植和採收。這裡的咖啡生產雖然未獲得認證，使用的卻是自然有機種植方法。

衣索比亞有超過七十萬戶的小農投入咖啡生產，占該國勞動市場的90%。儘管如此，當地的咖啡產量並不高，採收下來的咖啡豆送到水洗廠混合之後，變得難以追溯來源（只有極少數例外）。

衣索比亞的森林擁有世界上最豐富的咖啡樹品種及阿拉比卡咖啡，可說掌控著優質咖啡的未來。

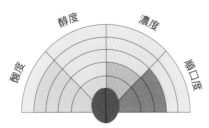

衣索比亞咖啡風味代表：
耶加雪菲艾瑞加（Yirgacheffe Aricha）

咖啡資訊

▶ 年產量：397,500 噸

▶ 全球市占率：4.6%

▶ 全球咖啡生產國排名：第 5 名

▶ 主要品種：古老品種，例如鐵比卡（參見第161 頁）、衣索比亞原生種（參見第155 頁）

▶ 產季：11 月至 2 月

▶ 處理方式：乾式與溼式處理法

▶ 咖啡風味：
• 乾式處理 → 花香味、獨特酸味、醇度輕
• 溼式處理 → 熱帶水果味、草莓味

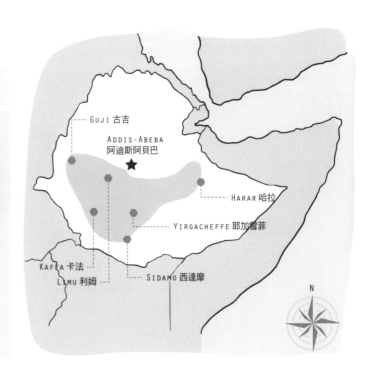

肯亞

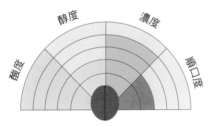

肯亞咖啡風味代表：
吉查撒尼雙 A 豆（Gichathaini AA）

十九世紀末，咖啡從西方國家傳入肯亞。當地主要種植品種為阿拉比卡，其中又以水洗處理的 SL28、SL34、K7 和魯伊魯 11（Ruiru 11）最有名。肯亞咖啡有半數來自咖啡合作社：小農與水洗廠結為合作社，每個合作社約有六百至一千位成員；小合作社再和大型合作社簽約，成為社團一員。

肯亞中部有肥沃的火山紅黏土，為咖啡增添了特殊的香氣。當地的咖啡豆以顆粒大小來評分，有專屬的篩選和分級系統。農人會使用不同直徑的篩網濾篩咖啡豆，藉此判定等級。

• AA：以 7.22 公釐的篩網濾篩咖啡豆，顆粒直徑最大為 18 目。雙A 級的咖啡豆通常品質較好，風味複雜，價格也最昂貴。

• AB：以 6.8-6.2 公釐的篩網濾篩咖啡豆，顆粒直徑約 15-16 目。

• PB：圓形生豆（公豆，參見 132 頁）

• C、TT、T：品質較差的咖啡豆，通常在拍賣會上出售。

咖啡資訊

▶ 年產量：51,000 噸

▶ 全球市占率：0.6%

▶ 全球咖啡生產國排名：第 16 名

▶ 主要品種：SL28、SL34（參見第 155 頁）、K7、魯伊魯 11

▶ 產季：11 月至 2 月

▶ 處理方式：溼式處理法

▶ 咖啡風味：莓果味、鮮明生動的酸味

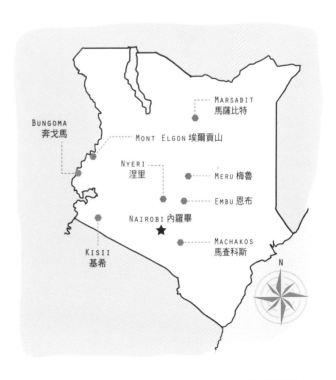

盧安達

1904 年，德國傳教士將咖啡引進盧安達，當地的氣候（降雨量規律而穩定）和地形（海拔 1500-2000 公尺、肥沃的火山土壤）皆有利於種出優質咖啡。

盧安達的咖啡農通常會採取集體合作的方式，共同經營水洗廠。政府多年來推廣精品咖啡政策，讓盧安達的咖啡價格穩定偏高，該國也在 2008 年成為非洲第一個舉辦卓越杯（Cup of Excellence）咖啡杯測賽的國家。

盧安達咖啡風味代表：生產者
依庀芬妮·穆依和旺（Epiphany Muhirwa）

咖啡資訊

▶ 年產量：16,800 噸（阿拉比卡 99%，羅布斯塔 1%）

▶ 全球市占率：0.2%

▶ 全球咖啡生產國排名：第 28 名

▶ 主要品種：紅波旁（參見第 168 頁）

▶ 產季：3 月至 7 月

▶ 處理法：溼式處理法

▶ 咖啡風味：花香味、水果味、高雅的酸味

「馬鈴薯」效應

只有盧安達和蒲隆地的咖啡會受到一種不知名的細菌感染，使研磨後的咖啡粉變質，散發出過期馬鈴薯的氣味。細菌只會影響特定一些咖啡豆，可能整批咖啡豆裡只有一顆受到感染。即使感染的咖啡豆對人體健康並不會造成危害，卻大大影響了咖啡的風味。要如何解決這麻煩問題，對盧安達和蒲隆地來說可是一大挑戰。

蒲隆地

一直到 1930 年代，比利時人才將咖啡引進蒲隆地。該國鄰近盧安達，不只擁有相似的肥沃土壤和適合咖啡栽種的海拔高度，就連「馬鈴薯效應」也是兩地共有的特徵。

蒲隆地的咖啡小農收成之後，將咖啡豆送到由國家管理單位 SOGESTAL 所管理的水洗廠進行溼式處理。在 2008 年以前，不同批次的咖啡豆會被混合處理；後來水洗廠有權將咖啡豆重新分類，這麼做除了能追溯咖啡豆生產者，也能依咖啡風味加以分類。蒲隆地是非洲第二個舉辦卓越杯（COE）的咖啡生產國。

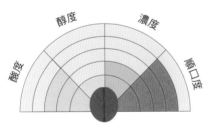

蒲隆地咖啡風味代表：
穆如塔社區（Muruta）

咖啡資訊

▶ 年產量：16,200 噸

▶ 全球市占率：0.2%

▶ 全球咖啡生產國排名：第 29 名

▶ 主要品種：紅波旁

▶ 產季：3 月至 7 月

▶ 處理法：溼式處理法

▶ 咖啡風味：水果香味、特色酸味

法屬留尼旺島

1715 年，咖啡傳入留尼旺島。首批在島上種植的咖啡豆為波旁種（鐵比卡移植到葉門以後的自然變種），因此當時留尼旺島又被稱作「波旁島」。島上的咖啡農業到了 1720 年開始趨於穩定，並在 1800 年時到達黃金時期，產量可高達四千噸。之後由於天然災害以及農業重心轉移，改種甘蔗並發展蔗糖產業，使咖啡的生產量大幅降低。

1771 年，留尼旺島出現了一個叫做「尖波旁」的特別品種，後來幾乎銷聲匿跡，直到 2000 年初又開始重新被栽種。尖波旁的生產量很少，主要供應特定的小眾市場。

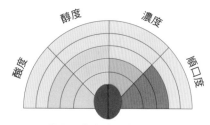

留尼旺島咖啡風味代表：
尖波旁種（Bourbon pointu）

咖啡資訊

- ▶ 年產量：3 噸

- ▶ 全球市占率：<0.01%

- ▶ 全球咖啡生產國排名：不在排名中

- ▶ 主要品種：波旁（參見第 168 頁）、尖波旁（參見第 155 頁）

- ▶ 產季：10 月至 2 月

- ▶ 處理法：溼式處理法

- ▶ 咖啡風味：醇度適中、酸度適中、風味口感平衡度高

咖啡品種

SL28

- 起源：史考特實驗室（Scott Laboratory）於 1931 年培育出來的品種，由衣索比亞原生種和波旁混種而成。
- 外觀：葉片寬，咖啡豆較大顆
- 抗病力：強
- 產能：低
- 建議沖煮方式：慢萃法
- 風味：酸味鮮明、帶莓果香氣

SL34

- 起源：生長於肯亞奈洛比的波旁突變種，種植地區在卡貝特（Kabete）。
- 外觀：葉片寬，咖啡豆較大顆
- 抗病力：耐潮性佳，適合種在高海拔地區
- 產能：高
- 建議沖煮方式：慢萃法
- 風味：以強烈的口感和香氣著稱

尖波旁（Bourbon Pointu）

- 起源：尖波旁是波旁的自然突變品種，又被稱作「勞瑞納」（Larina）或「小果咖啡變種勞瑞納」（Coffea Arabica var.laurina）。1771 年，尖波旁出現在留尼旺島，在 1880 年因傳染病幾乎消失殆盡，直到 2000 年才由日籍咖啡專家島良彰（Yoshiaki Kawashima）再次發現，並透過農學研究發展國際合作中心（CIRAD）的幫助，得以將這個品種延續下去。
- 其他生產國：馬達加斯加

- 外觀：咖啡樹不高，外形呈現金字塔形狀，果實及葉片皆小。咖啡豆呈橢圓形，辨識度極高。
- 抗病力：耐旱，但不敵葉銹病
- 產能：低
- 建議沖煮方式：濃縮咖啡
- 風味：比起其他阿拉比卡種咖啡，尖波旁的咖啡因含量較低（約 0.6%）。

原生種（Heirloom）

這個英文名詞也可翻譯為「祖傳種」，指的是較古老純正的植物品種。在咖啡的世界裡，這個詞專門被用來形容衣索比亞的咖啡，因為當地咖啡是自然生長而非由外人傳入，且品種之間的差異不易辨別。因此，為了方便生豆買家和咖啡烘焙師稱呼，大家就把這些來自衣索比亞的古老品種通稱為「原生種」。

巴西

300 000 農場

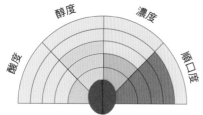

醇度　濃度
酸度　順口度

巴西咖啡風味代表：
卡平布蘭科莊園（Capim Branco）

咖啡資訊

▶ 年產量：2,720,520 噸（阿拉比卡 67%，羅布斯塔 33%）

▶ 全球市占率：32%

▶ 全球咖啡生產國排名：第 1 名

▶ 主要品種：蒙多諾沃（參見第 161 頁）、卡杜拉（參見第 169 頁）、伊卡圖（參見第 161 頁）、波旁、卡杜艾（參見第 168 頁）

▶ 產季：5 月至 8 月

▶ 處理法：乾式及溼式處理法

▶ 咖啡風味：巴西咖啡以微酸甘醇、帶堅果香氣著名，這也是它經常被用來與其他咖啡豆混搭的原因。

葡萄牙人在十八世紀將咖啡引進巴西，使巴西很快成為世界咖啡生產第一大國，在 1920 年時就已經供應全球 80% 以上的咖啡。1999 年，全球首次的卓越杯（COE）就是在巴西舉行。目前巴西仍位居世界咖啡生產的領航者，但也多虧其他國家投入發展咖啡農業，為整個市場帶來平衡。

巴西的咖啡種植區域主要集中在東南部，氣候、地形（平原上丘陵起伏，和緩的坡度方便機械農耕）和高度都有利於密集種植。在巴西有超過三十萬個咖啡農場，其中不乏大型莊園，採用現代化及工業化的方式耕作，增加產量和收益。也有不少小農採取有機耕作，甚至施行自然動力農法，不仰賴大量人力，而更重視植栽的生物多樣性。巴西的高級咖啡甚至可以追溯根源，找出是哪棵咖啡樹生產的。

N

BAHIA 巴伊亞

BRASILIA
巴西利亞

SAO PAULO
聖保羅

CERRADO
喜拉朵

ESPIRITO
SANTO
聖埃斯皮里圖州

SUL DE MINAS
南米納斯

MINAS GERAIS
米納斯吉拉斯州

哥倫比亞

咖啡於十八世紀末被引進哥倫比亞，二十世紀初轉為商業化經營。在哥倫比亞有超過五十萬個咖啡農場（大多是小型規模），安地斯山脈提供了各種微型氣候，有利於發展精品咖啡，然而地形卻也限制了農場的栽種規模。陡峭的山勢不利於機器耕作，缺乏樹木保護而暴露的坡地又容易受侵蝕，於是哥倫比亞把咖啡的生產重點放在品質上，僅種植阿拉比卡咖啡。

1960 年，紐約的恆美廣告公司（Doyle Dane Bernbach）創造了一個名為 Juan Valdez 的虛構人物，來推廣高品質的哥倫比亞咖啡。這位謙遜咖啡農牽著驢子的浪漫形象，成功建立了哥倫比亞優質咖啡的知名度。目前咖啡僅占哥倫比亞出口貨物的 10%，卻是代表國家的重要象徵。

100% Colombian Coffee

哥倫比亞咖啡風味代表：
烏伊拉省的拉維吉娜農場（La Virginia）

咖啡資訊

▶ 年產量：750,000 噸

▶ 全球市占率：8.8%

▶ 全球咖啡生產國排名：第 3 名

▶ 主要品種：卡杜拉、卡斯提優（Castillo）

▶ 產季：微型氣候使全年皆有收成

▶ 處理法：溼式處理法

▶ 咖啡風味：溫順、有足夠的醇度、酸度中等

MEDELLIN 麥德林
ANTIOQUIA 安提奧基亞省
CALDAS 卡爾達斯省
MANIZALES 馬尼薩萊斯
BUCARAMANGA 布卡拉曼加
ARMENIA 亞美尼亞城
SANTANDER 桑坦德省
RISALDA 里薩拉爾達省
CUNDINAMARCA 昆迪納馬卡省
BOGOTA 波哥大
QUINDIO 金迪奧省
TOLIMA 托利馬省
HUILA 烏伊拉省
CAUCA 考卡省
NARINO 納里尼奧省
N

厄瓜多

　　1860 年，咖啡被引進厄瓜多的馬納比省，該國的咖啡生產量在八〇年代攀至高峰，到了九〇年代因為經濟蕭條而開始衰退。

　　厄瓜多生產的咖啡大多用來製作即溶咖啡，所以優先考量的是如何提高羅布斯塔和阿拉比卡的生產量，而非品質。不過當地也有頗具潛力的優質咖啡，多種在高緯度地區。政府可以此做為籌碼，挑選大眾熟悉的咖啡品種（例如鐵比卡、波旁）發展精緻化種植，順便藉此減少昂貴的人工成本支出。

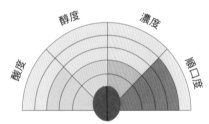

厄瓜多咖啡風味代表：
拉斯多拉斯莊園（Las tolas）

咖啡資訊

▶ 年產量：39,000 噸（阿拉比卡 60%，羅布斯塔 40%）

▶ 全球市占率：0.45%

▶ 全球咖啡生產國排名：第 20 名

▶ 主要品種：鐵比卡、波旁、卡杜拉

▶ 產季：5 月至 9 月

▶ 處理法：溼式及乾式處理法

▶ 咖啡風味：優雅的酸味、口感平衡

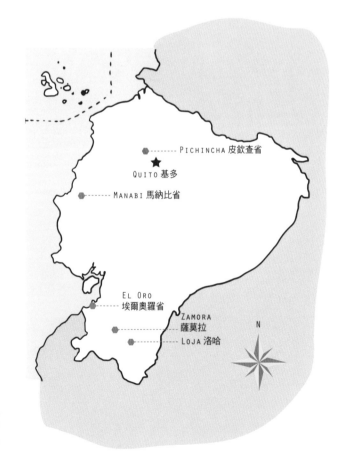

PICHINCHA 皮欽查省
QUITO 基多
MANABI 馬納比省
EL ORO 埃爾奧羅省
ZAMORA 薩莫拉
LOJA 洛哈
N

玻利維亞

咖啡大約是在十九世紀時被引進玻利維亞。當地季節分明的氣候適合種植咖啡，加上理想的海拔高度，十分具有潛力。可惜缺乏設備，玻利維亞又地處內陸，出口必須經過祕魯，使得農業發展頗受限制。

玻利維亞的咖啡產量不多，約有兩萬三千戶咖啡農，其中多是規模介於二至八公頃的小型家庭農場。當地農民多半沒有資金添購設備，因此實行有機種植，卻未受認證。玻利維亞的咖啡來源可追溯性高，買家可以查到手中那一批咖啡豆是從哪個農場生產的。平均來看，玻利維亞也有生產出一些很不錯的咖啡。

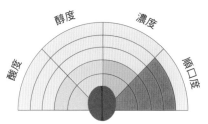

玻利維亞咖啡風味代表：
七星農園（7 Estrellas）

咖啡資訊

▶ 年產量：7,200 噸

▶ 全球市占率：0.08%

▶ 全球咖啡生產國排名：第 33 名

▶ 主要品種：鐵比卡、卡杜拉

▶ 產季：7 月至 10 月

▶ 處理法：溼式處理法

▶ 咖啡風味：沒有具代表性的香氣特徵，嚐起來溫和圓潤不帶酸味。

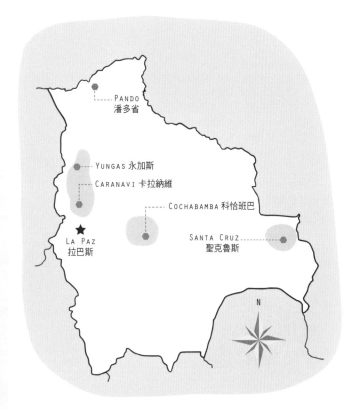

祕魯

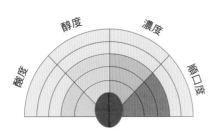

祕魯於十八世紀開始種咖啡,十九世紀開始出口,到後來不僅成為全球第一個有機認證的咖啡生產國,也得到國際公平貿易認證。當地約有十二萬戶咖啡農,各自在不到三公頃的農地上耕作,產出現在大家喝到的祕魯咖啡。

祕魯的高海拔地區(2200 公尺)也有咖啡,然而鄰近巴西和哥倫比亞兩個強勁的咖啡生產國,祕魯咖啡缺少具有代表性的特色;這一點與玻利維亞情況相同。

醇度　濃度

酸度　　　　順口度

祕魯咖啡風味代表:
芒戈莊園(El Mango)

咖啡資訊

▶ 年產量:204,000 噸

▶ 全球市占率:2.4%

▶ 全球咖啡生產國排名:第 11 名

▶ 主要品種:鐵比卡、波旁、卡杜拉

▶ 產季:7 月至 9 月

▶ 處理法:溼式處理法

▶ 咖啡風味:溫和純淨、缺乏複雜度

N

SAN MARTIN
聖馬丁大區

CAJAMARCA
卡哈馬卡

LIMA 利馬

CUSCO
庫斯科

APURIMAC
阿普里馬克大區

咖啡品種

蒙多諾沃（Mundo Novo），又稱「新世界」

- 起源：1940 年在巴西發現的自然雜交品種（蘇門答臘鐵比卡＋波旁）
- 外觀：樹身高大，果實渾圓
- 抗病力：強，適合中高海拔地區
- 產能：高（比波旁多 30%）
- 建議沖煮方式：濃縮咖啡
- 風味：深受巴西人喜愛，但複雜度不高，缺少甜味。

伊卡圖（Icatu）

- 起源：巴西多代雜交改良的混血品種（〔阿拉比卡＋中果咖啡〕＋蒙多諾沃＋卡杜艾）；應是在 1985 年被改良出來，但一直到 1993 年才正式被認可。
- 外觀：樹身高大、咖啡果實也大，得種在海拔高度 800 公尺以上地區。
- 抗病力：抗病力強，甚至可抵抗葉銹病（參見第 137 頁）
- 產能：比蒙多諾沃高出 30-50%
- 建議沖煮方式：濃縮咖啡
- 風味：擁有來自羅布斯塔種的基因，評價普通。然而如果種植得當、受到良好照顧，還是可以沖煮出風味甚好的咖啡。

鐵比卡（Typica）

- 起源：鐵比卡是阿拉比卡最古老的嫡系品種之一；經混血之後，又為阿拉比卡家族帶來藍山、巨型象豆等變種。
- 其他生產國：除了原生國衣索比亞，大部分的咖啡生產國都有產鐵比卡，雖然產量不多，但也是極常見的咖啡品種。
- 外觀：樹身高大呈圓錐形，可長到 3.5-6 公尺高，葉子為紅銅色。
- 抗病力：在高海拔地區較佳
- 產能：相對少
- 建議沖煮方式：濃縮咖啡、慢萃法
- 風味：以複雜的香氣聞名

哥斯大黎加

哥斯大黎加人在十八世紀種下第一棵咖啡樹，並從1832年開始出口咖啡到歐洲。由於法律禁止種植羅布斯塔咖啡，目前約有五萬戶咖啡農，各自在不到五公頃的土地上種植阿拉比卡咖啡。2000年以後，為了因應精品咖啡市場的需求，各地紛紛成立小型處理廠，方便小農獨立處理自家生產的咖啡豆。來自不同農場的咖啡豆都有完整的追蹤履歷，農人不僅可以控制生產品質，更積極嘗試不同的處理法；處理場也以創新經營方式，盡量降低咖啡產業對自然的影響，並遵守環境保護法規。在大家的共同努力下，哥斯大黎加逐漸發展出適合優質咖啡的理想環境。

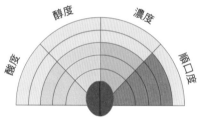

哥斯大黎加咖啡風味代表：
瓦雷利歐莊園（Hachienda Valerio）

咖啡資訊

▶ 年產量：90,480 噸

▶ 全球市占率：1%

▶ 全球咖啡生產國排名：第14名

▶ 主要品種：卡杜拉、薇拉沙奇（參見第169頁）、卡杜艾

▶ 產季：11月至3月

▶ 處理法：蜜處理法、乾式及溼式處理法

▶ 咖啡風味：溫和順口，帶良好的酸味和複雜的口感。

TRES RIOS
特雷斯里奧斯區

西部谷地

中央谷地

N

SAN JOSÉ
聖荷西

TARRAZU
塔拉蘇縣

BRUNCA
布倫卡

巴拿馬

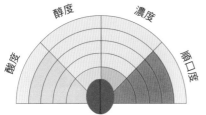

巴拿馬咖啡風味代表：
瑰夏種（Geisha）

咖啡被引進巴拿馬後，於十九世紀末開始普遍種植。當地肥沃的火山土壤、地勢高度、豐沛的雨量，加上各種微型氣候，極利於咖啡生長。

巴拿馬咖啡農多為中小型家族農場，歷經 1996 年國際咖啡價格危機後，巴拿馬轉向發展精品咖啡來提高價格。現今巴拿馬的咖啡產量雖然不多，在市場上卻頗富盛名，尤其是瑰夏品種（又稱藝妓咖啡）。這種咖啡是在衣索比亞南邊的瑰夏森林裡被發現的，有強烈而鮮明的風味，加上產量很少，想要購買還得上網競標。每批瑰夏咖啡都可以追溯生產的莊園農場。

咖啡資訊

- ▶ 年產量：570 噸
- ▶ 全球市占率：0.07 %
- ▶ 全球咖啡生產國排名：第 36 名
- ▶ 主要品種：瑰夏、卡杜拉、鐵比卡、波旁、卡杜艾
- ▶ 產季：11 月至 3 月
- ▶ 處理法：乾式及溼式處理法
- ▶ 優質瑰夏咖啡的風味：醇度低，帶花香和檸檬柑橘香，口感溫順高雅，結構複雜，整體平衡感佳。

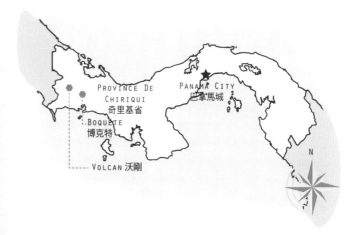

瓜地馬拉

咖啡應該是在十八世紀由耶穌會的教士引進瓜地馬拉，首次出口歐洲則是在 1859 年。瓜地馬拉地形多變，有高山、火山土壤和平原，造就了各種微型氣候，也成就了各種具有強烈香氣的咖啡豆。

目前咖啡是當地農業出口的重要品項，約有十二萬五千多名農夫從事咖啡生產，田地總面積為二十七萬公頃。國內有許多小型處理場，產出履歷可靠的微批次＊咖啡豆；也有越來越多咖啡農自設水洗廠，方便管控咖啡豆的生產過程與品質。

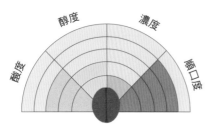

瓜地馬拉咖啡風味代表：
皮菈莊園（Finca El Pilar）

咖啡資訊

▶ 年產量：210,000 噸（阿拉比卡 99.6%，羅布斯塔 0.4%）

▶ 全球市占率：2.5%

▶ 全球咖啡生產國排名：第 10 名

▶ 主要品種：波旁、卡杜拉、鐵比卡、卡杜艾、巨型象豆（參見第 173 頁）

▶ 產季：11 月至 3 月

▶ 處理法：溼式處理法

▶ 咖啡風味：不同的風土產生不同的香氣，例如巧克力香和花香；口感醇濃，酸味明顯。

＊ 譯註：簡單來說，微批次（microlots）就是從整個產區中表現不錯的咖啡豆，進一步挑選出品質更好的咖啡豆。這麼做有助於農人將豆子推向精品市場，提升價格。

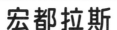

宏都拉斯

宏都拉斯的第一棵咖啡樹，應該是在十八世紀末種下的。現在，宏都拉斯已成為世界重要的咖啡生產國，全國約有十萬戶農人投入咖啡生產，多屬於小規模栽種。雖說宏都拉斯的環境條件與中美洲其他咖啡生產國相似，然而境內卻因基礎交通建設不足，讓咖啡果的處理成為一大挑戰。在境內氣候潮溼地區很難以日曬法自然乾燥咖啡豆，為了改善這個問題，咖啡農搭建拱形溫室結合機器烘乾的方式來乾燥咖啡豆。該國咖啡豆產量不大，主要供應大眾市場，直到近幾年宏都拉斯咖啡協會（IHCAFE）提供咖啡小農在技術、設備和農作教育方面的協助，才使產量得以增加。

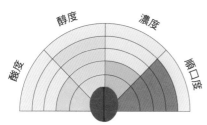

宏都拉斯咖啡風味代表：
生產者傑西·莫黑諾（Jesus Moreno）

咖啡資訊

▶ 年產量：324,000 噸

▶ 全球市占率：3.8%

▶ 全球咖啡生產國排名：第 7 名

▶ 主要品種：卡杜拉、卡杜艾、帕卡斯（參見第 169 頁）、鐵比卡

▶ 產季：11 月至 4 月

▶ 處理法：溼式處理法

▶ 咖啡風味：輕爽溫和，具備複雜的花香和生動的酸味。

薩爾瓦多

薩爾瓦多的咖啡種植起源於十九世紀，起初是供應國內需求；到了 1880 年，政府開始提倡農業出口，如今薩爾瓦多約有兩萬戶中小型咖啡農，生產以品質聞名的咖啡，其中 60%屬於波旁種，其他品種包括帕卡斯（Pacas）和帕拉馬拉（Palamara）。

薩爾瓦多大部分的咖啡園都會種植樹木來為咖啡樹遮蔭，同時可防止森林破壞與土壤流失的情況。國內有穩定的基礎建設，也有尚稱健全的咖啡履歷制度，該國的咖啡諮詢委員會更是推廣咖啡不遺餘力，為的是讓大眾更了解薩爾瓦多的風土特質，以及當地波旁咖啡的發展歷史。

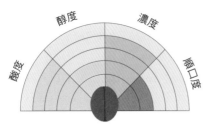

薩爾瓦多咖啡風味代表：
拉芬妮莊園（Finca La Fany）

咖啡資訊

▶ 年產量：40,800 噸

▶ 全球市占率：0.48%

▶ 全球咖啡生產國排名：第 18 名

▶ 主要品種：波旁、帕卡斯、帕卡馬拉（參見第 169 頁）

▶ 產季：11 月至 3 月

▶ 處理法：乾式、溼式處理法

▶ 咖啡風味：醇度濃厚，咖啡液成乳霜質感，帶有平衡的酸味。

ALOTEPEC-METAPAN
阿羅特培美塔潘

CACAHUATIQU
喀喀威提克

SAN SALVADOR
聖薩爾瓦多

TECAPA-CHINAMECA
特帕卡奇納梅卡

CHICHONTEPEC
欽瓊特佩克

APANECA-
ILAMATEPEC
阿帕內卡
依拉瑪別鐵

EL BALSAMO-QUEIZALTEPEQUE
寶薩摩克薩爾特佩克

尼加拉瓜

尼加拉瓜從十九世紀中期開始生產咖啡。雖然咖啡是重要的出口商品，但長期政經動盪不安與天災影響，使咖啡的產量及名聲雙雙受到打擊。尼加拉瓜國內的咖啡農平均種植土地約為三公頃，然而他們生產的咖啡豆全被送到大型水洗廠混在一起，導致其來源可追溯性非常低。現在咖啡農已逐漸意識到咖啡品質以及來源追溯的重要性，產業生態也開始有了改變。

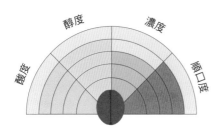

咖啡資訊

▶ 年產量：120,000 噸

▶ 全球市占率：1.4%

▶ 全球咖啡生產國排名：第 13 名

▶ 主要品種：卡杜拉、帕卡馬拉、波旁、巨型象豆、波旁、卡提摩（參見第 177 頁）

▶ 產季：10 月至 3 月

▶ 處理法：乾式及溼式處理法，半日曬法（參見第 144 頁）

▶ 咖啡風味：從溫和到巧克力調性，再到酸味和花香味皆具備。

OCOTAL
澳科塔爾

JINOTEGA
希諾特加省

NUEVA SEGOVIA
新賽哥維亞省

ESTELÍ 埃斯特利省

MATAGALPA
瑪塔加爾帕省

MANAGUA
馬拿瓜

N

咖啡品種

卡杜艾（Catuai）

- 起源：來自巴西的混血品種（蒙多諾沃＋黃卡杜拉），於 1968 年上市。
- 生產國：在巴西和中美洲十分常見
- 外觀：咖啡樹矮小
- 抗病力：耐風寒與霜害（果實不易掉落），在海拔高度 800 公尺以上地區以高密度方式種植。
- 產能：高
- 建議沖煮方式：濃縮咖啡
- 風味：標準，品質穩定

波旁（Bourbon）

- 起源：源自留尼旺島（法國大革命前名為波旁島），是阿拉比卡的自然突變種，依果實顏色不同可分為黃波旁、紅波旁和橘波旁。
- 生產國：大部分的咖啡生產國皆產波旁種
- 外觀：咖啡果實比鐵比卡的小
- 產能：雖然收成量比鐵比卡高出 20-30％，卻仍被認為是生產量少的咖啡品種。
- 抗病力：種植在海拔 1000-2000 公尺的地區抗病力較佳
- 建議沖煮方式：紅波旁適合用於濃縮咖啡，黃波旁可用於慢萃法或製作冰咖啡。
- 風味：細緻、清爽，醇度較低，口感溫和

瑰夏（Geisha），又稱「藝妓」

- 起源：源自衣索比亞西南部，於 1931 年在瑰夏（Gesha）近郊被發現而得其名。瑰夏咖啡在 1932 年被引進肯亞，哥斯大黎加於 1950 年代開始種植，一直等到 1963 年才被引進巴拿馬。此品種在 2000 年正式命名為瑰夏（Geisha），因發音同日文「藝妓」，又被稱為藝妓咖啡，並且開始受到精品咖啡界的注意。
- 其他生產國：哥倫比亞和哥斯大黎加
- 外觀：樹身高大，咖啡果實、葉子及種子（咖啡豆）都呈長形。
- 抗病力：尚佳
- 產能：低；海拔高度 1500 公尺以上的特定土壤才能種出優質瑰夏咖啡。
- 建議沖煮方式：慢萃法
- 風味：香氣複雜且特徵明顯，有細緻花香以及漿果與柑橘的氣息，口感醇度類似茶，讓它在咖啡競賽中贏得巴拿馬最佳咖啡的頭銜。

薇拉沙奇（Villa Sarchi）

- 起源：波旁的自然突變種，在哥斯大黎加沙奇鎮附近被發現。
- 外觀：咖啡果實尺寸一般，葉子呈古銅色
- 抗病力：較弱
- 產能：適合高海拔
- 建議沖煮方式：濃縮咖啡
- 風味：酸味溫和、口感純淨

帕卡斯（Pacas）

- 起源：1949 年由一位名為帕卡斯的薩爾瓦多農夫發現的，為波旁的突變種。
- 外觀：比波旁迷你
- 抗病力：比波旁強
- 產能：在高海拔地區的產量還算不錯
- 建議沖煮方式：濃縮咖啡
- 風味：與波旁相似

帕卡瑪拉（Pacamara）

- 起源：帕卡斯與巨型象豆（Maragogype）的混種，1958 年由法國與農學研究發展國際合作中心合作，在薩爾瓦多研發改良而成，其混種目的在於結合兩者特色。
- 其他生產國：墨西哥、尼加拉瓜、哥倫比亞、宏都拉斯、瓜地馬拉
- 外觀：樹身較矮小，但咖啡豆的較大顆
- 抗病力：耐風寒與霜害，生性堅強
- 產能：高於帕卡斯
- 建議沖煮方式：慢萃法
- 風味：若能在高海拔地區接受良好的照顧，產出的咖啡會帶有複雜的香氣層次，酸味宜人。

維拉羅伯（Villalobos）

- 起源：哥斯大黎加波旁的突變種
- 外觀：咖啡果實與一般尺寸無異
- 抗病力：耐風寒
- 產能：在高海拔地區表現佳
- 建議沖煮方式：濃縮咖啡與滴濾咖啡
- 風味：香氣特殊，品質佳

卡杜拉（Caturra）

- 起源：波旁的突變種，1937 年於巴西卡杜拉附近地區被發現。
- 其他生產國：哥斯大黎加與尼加拉瓜；在巴西的產量反而不多。
- 外觀：樹身矮小，葉片寬大
- 抗病力：優於波旁或鐵比卡
- 產能：遠高於波旁
- 建議沖煮方式：濃縮咖啡或慢萃法
- 風味：在哥倫比亞很受歡迎，但沖泡之後風味通常不如波旁。

墨西哥

　　十八世紀末,咖啡經安地斯山脈進入墨西哥,目前發現關於咖啡的第一份紙本紀錄出現在 1802 年。長久以來,人們對墨西哥咖啡的印象一直是價格便宜但品質不怎麼樣。當地咖啡農必須克服收益不佳、基礎建設不足、資源匱乏等困境,到了 2012 年,因為卓越杯的關係才開始有了改善,他們終於有機會向大眾展示品質良好且辨認度高的咖啡。時至今日,墨西哥咖啡種植的規模雖仍屬中小型,但也慢慢晉身全球重要的咖啡生產國,尤其是當地生產的經過公平交易及有機認證的咖啡。

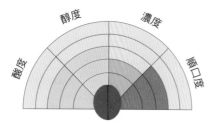

醇度　濃度

酸度　順口度

墨西哥咖啡風味代表:
卡珊卓莊園(Finca Kassandra)

咖啡資訊

▶ 年產量:234,000 噸

▶ 全球市占率:2.75%

▶ 全球咖啡生產國排名:第 8 名

▶ 主要品種:巨型象豆、帕卡瑪拉、波旁、鐵比卡、卡杜拉、蒙多諾沃、卡杜艾、卡提摩

▶ 產季:11 月至 3 月

▶ 處理法:溼式處理法

▶ 咖啡風味:溫和清爽,有些帶蘋果酸和檸檬酸,圓潤而口感平衡。

VERACRUZ 維拉克魯茲州

CHIAPAS 恰帕斯州

MEXICO 墨西哥城

PUEBLA 普埃布拉州

OAXACA 瓦哈卡州

牙買加

1728 年，牙買加總督尼古拉斯·勞伊斯爵士（Nicolas Lawes）從馬丁尼島進口了咖啡種子，首先栽種於首都京斯頓，後來才種在藍山的山坡上，進而成為聞名全球的代表性咖啡品種。

藍山咖啡一直以來都是昂貴咖啡的代表，其特色是出口時不以傳統的麻布袋，而是用大橡木桶填裝咖啡。當地幾乎所有的咖啡都出口至美國與日本。藍山咖啡打響名號之後，「頂級」、「優質」的光環使其價格居高不下；但要是拿藍山咖啡和其他精品咖啡互相比較，就會發現它有點名過其實了。

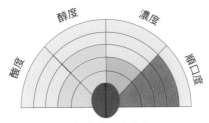

牙買加咖啡風味代表：
藍山（Blue Mountain）

咖啡資訊

▶ 年產量：大約 1,000 噸

▶ 全球市占率：少於 0.1%

▶ 全球咖啡生產國排名：第 44 名

▶ 主要品種：藍山、波旁、鐵比卡

▶ 產季：9 月至 3 月

▶ 處理法：溼式處理法

▶ 咖啡風味：溫和、口感豐富、糖漿質地

BLUE MOUTAIN
藍山

KINGSTON 京斯頓

N

夏威夷

夏威夷的第一批咖啡來自巴西，於 1825 年引進，此後一直呈現穩定生產；直到 1980 年代，部分農人開始改種甘蔗，相對減少了對咖啡農業的投入比例。夏威夷最出名的咖啡來自科納，位於夏威夷群島的主島上。當地法規規定，一批咖啡豆之中至少得有 10% 來自科納，才能掛它的名字出售。夏威夷咖啡價格較昂貴，原因是當地人工成本比其他咖啡生產國要高出許多。

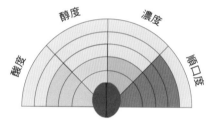

夏威夷咖啡風味代表：
科納特級咖啡（Kona Extra Fancy）

咖啡資訊

- ▶ 年產量：3,500 噸
- ▶ 全球市占率：少於 0.1%
- ▶ 全球咖啡生產國排名：第 41 名
- ▶ 主要品種：鐵比卡、卡杜艾
- ▶ 產季：9 月至 1 月
- ▶ 處理法：乾式、溼式處理法
- ▶ 咖啡風味：醇度中等、酸味不突出

咖啡品種

藍山（Blue Mountain）

- 起源：從鐵比卡衍生而來，因咖啡樹生長於牙買加藍山地區而得名。
- 其他生產國：夏威夷的科納；肯亞則是從 1913 年開始生產。
- 外觀：和鐵比卡一樣，咖啡樹較高大，可長到 3.5-6 公尺，外形呈圓錐形，葉子為紅銅色。
- 抗病力：可以適應高海拔氣候

- 產能：低
- 建議沖煮方式：濃縮咖啡和滴濾咖啡
- 風味：圓潤

巨型象豆（Maragogype）

- 起源：鐵比卡的天然突變種，在巴西巴伊亞州的馬拉戈吉培被發現。
- 生產國：瓜地馬拉和巴西
- 外觀：樹身高大，葉子、果實和種子都很大
- 抗病力：普通

- 產能：低
- 建議沖煮方式：濃縮咖啡和滴濾咖啡
- 風味：溫和，帶有果味

肯特（Kent）

- 起源：印度特選的鐵比卡變種，於 1930 年開始在印度廣泛種植；在肯亞發現的 K7 變種也具有肯特種的基因。
- 生產國：印度和坦尚尼亞
- 外觀：與鐵比卡相同，但咖啡豆較大顆
- 抗病力：對葉銹病的抵抗力相對較佳

- 產能：佳
- 建議沖煮方式：濃縮咖啡
- 風味：酸味輕淺，口感圓潤

印尼

印尼從 1711 年開始，經由荷蘭東印度公司出口咖啡至歐洲，當時只有種植阿拉比卡的變種咖啡。然而在 1876 年，葉銹病的傳染造成咖啡收成量銳減，於是大家轉而種植對真菌感染抵抗力較高的羅布斯塔咖啡。目前印尼生產的咖啡幾乎都是羅布斯塔種。

印尼群島上有 90% 是小型獨立咖啡農（種植面積一至兩公頃），最常見的品種為鐵比卡、帝汶混血、卡杜拉和卡提摩。

咖啡資訊

▶ 年產量：540,000 噸（阿拉比卡 16.5%、羅布斯塔 83.5%）

▶ 全球市占率：6.3%

▶ 全球咖啡生產國排名：第 4 名

▶ 主要品種：鐵比卡、帝汶混血（參見第 177 頁）、卡杜拉、卡提摩

▶ 產季：
• 蘇拉威西 → 10 月至 5 月
• 蘇門答臘 → 10 月至 3 月
• 爪哇 → 6 月至 10 月

▶ 處理法：半水洗（溼刨法）、乾式及溼式處理法

▶ 咖啡風味：
• 蘇門答臘咖啡蘊藏木質和香料香氣，醇厚而不酸。
• 蘇拉威西咖啡酸味輕淺，質感豐富，具香料和草本調性。
• 爪哇咖啡質感醇厚、不酸，帶有大地氣息。

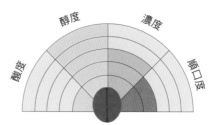

印尼咖啡風味代表：
蘇拉威西（Sulawesi）

印尼

印尼的每個島嶼各自生產獨具特色的咖啡。

蘇門答臘是印尼最大島,咖啡園多在島的北部(亞齊、林東)和南部(楠榜、芒古爾扎亞),種植高度介於海拔 800-1500 公尺。咖啡經由溼刨法(又稱半水洗法,參見第 144 頁)的技術乾燥,使處理過的咖啡豆透出淡淡的藍色,成為其外觀上的一大特徵。

蘇拉威西是印尼阿拉比卡咖啡產量最多的島嶼,咖啡種植區域位在島上西方和西南方,種植高度介於海拔 1000-1500 公尺之間。最為人所知的產區塔納托拉查縣位在島上最高處,當地結合了所有適合咖啡種植的最佳條件;其他區域還有瑪瑪薩、恩爾康、戈瓦和欣賈爾。島上種植最多的是阿拉比卡 S795(鐵比卡混血種)。傳統處理方式採用溼刨法,但島上也有用溼式處理的水洗咖啡。

爪哇的低海拔地區有印尼最大的咖啡種植區,受政府管制(荷蘭殖民時代遺留的產物),羅布斯塔咖啡為生產大宗。阿拉比卡咖啡的種植區海拔高度則介於 1400-1800 公尺,最常使用的處理法是溼式處理法。

* 編註:大家常聽到的曼特寧咖啡(mandheling)產自蘇門答臘,然而曼特寧並非地名或咖啡品種名稱,而是當地民族名稱的音誤。當地人並不會將他們生產的咖啡豆稱為曼特寧,而是用產區做為名稱。

麝香貓咖啡

這是一種從麝香貓(印尼語稱為「luwak」)糞便中回收的咖啡豆。麝香貓是東南亞的哺乳類動物,吃了咖啡果之後將無法消化的咖啡種子(咖啡豆)經糞便排出體外。麝香貓咖啡的起源要回溯至十八世紀,當時印尼的農作物受荷蘭控制,咖啡是昂貴的出口商品,主要運往西方,甚至禁止農人使用自家生產的咖啡。回收使用麝香貓排出的咖啡豆,成了當地人遊走法律邊緣取得咖啡的手法。咖啡豆經過麝香貓消化而產生發酵,因此含有十分獨特的香氣(據說更香醇豐富而且回甘)。因為稀有,求一杯麝香貓咖啡已然成為咖啡界的一種風氣,其受歡迎程度也讓不法商人動了歪腦筋,把麝香貓關進鐵籠,僅餵食無品質保證的咖啡果,企圖生產更多咖啡豆供應市場需求。麝香貓咖啡豆價格昂貴,然而此種生產方式頗受各界爭議,也讓麝香貓咖啡豆的品質受到質疑。

印度

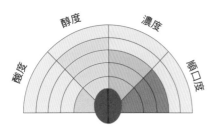

印度咖啡風味代表：
風漬馬拉巴（Malabar）

據說咖啡是在 1670 年，由前往麥加的朝聖者巴巴·不丹（Baba Budan）傳入印度；巴巴從葉門出發時偷偷夾帶七顆咖啡豆，之後將種子種在印度西部卡納塔克邦的錢德拉吉里丘陵（Chandragiri）。不過一直到十九世紀，英國殖民印度時期，咖啡買賣才開始迅速發展。1942 年，印度政府決心規範咖啡的出口，一直到九〇年代才開放讓農人自由買賣。目前印度約有二十五萬戶咖啡農，每戶耕種面積小於四公頃。

印度原本主要的咖啡品種是阿拉比卡，但受到葉銹病感染，咖啡農只好轉而種植羅布斯塔或其他混血品種（阿拉比卡種混賴比瑞亞種），或者放棄咖啡改種茶葉。阿拉比卡變種通常種在海拔高度 1000-1500 公尺地區，利用其他較高的作物（胡椒、小荳蔻、香蕉、香草等）做為遮蔭。

咖啡資訊

▶ 年產量：331,020 噸（阿拉比卡 17.45%、羅布斯塔 72.5%）

▶ 全球市占率：3.9%

▶ 全球咖啡生產國排名：第 6 名

▶ 主要品種：莎奇摩（參見第 177 頁）、肯特（參見第 173 頁）、卡提摩、S795

▶ 產季：1 月至 3 月

▶ 處理法：風漬法、半水洗法、乾式及溼式處理法

▶ 咖啡風味：參見季風咖啡介紹

咖啡品種

莎奇摩（Sarchimor）

- 起源：薇拉沙奇＋帝汶混血
- 生產國：哥斯大黎加、印度
- 抗病力：源自中果咖啡的基因使得此品種可以抵抗葉銹病

- 產能：一般（平均每公頃可生產 1000 公斤）
- 建議沖煮方式：濃縮咖啡
- 風味：品質較不穩定

帝汶混血（Hibrido de Timor）

- 起源：1920 年代於帝汶發現的自然混種（小果咖啡＋中果咖啡），經常被用來培養其他混種咖啡，例如巴西的卡提摩和莎奇摩，肯亞的魯伊魯 11。
- 生產國：印尼
- 外觀：類似其他阿拉比卡變種
- 抗病力：佳

- 產能：一般（每公頃平均可產 1000 公斤）
- 建議沖煮方式：濃縮咖啡
- 風味：較無特別出色之處

卡提摩（Catimor）

- 起源：葡萄牙的混種咖啡（帝汶混血＋卡杜拉）
- 其他生產國：中美洲及南美洲
- 外觀：咖啡果實為一般大小
- 抗病力：強，在中海拔地區表現尤佳

- 產能：多產
- 建議沖煮方式：濃縮咖啡
- 風味：含有提摩種（Timor）的基因；因提摩是小果咖啡和中果咖啡的混種，品質較有爭議。

季風咖啡

印度最出名的就是馬拉巴季風咖啡（又稱「風漬咖啡」），因特殊的乾燥方式造就了獨特香氣。在印度殖民時代，經海運出口到歐洲的咖啡受海風溼氣影響，使咖啡豆膨脹早熟，並產生獨一無二的香氣。為了重現這特殊風味，現代的做法是把生咖啡豆平鋪在窗戶全開的風漬廠房內，吸取季風的溼氣。咖啡豆因飽含水氣而膨脹，顏色轉白，並喪失了原本天然的酸味。季風咖啡經沖泡後的口感帶有大地的氣息，醇度濃厚而且幾乎無酸味。

CHAPITRE 5

附錄

咖啡相關資訊及喝咖啡好去處

法國咖啡烘焙師

Caffè Cataldi / Hexagone Café
地址：15, rue Gonéry
22540 Louargat
網址：*caffe-cataldi.fr*
hexagone-café.fr

La caféothèque
地址：52,rue de l'Hôtel de Ville
75004 Paris
網址：*lacafeotheque.com*

Coutume Café
地址：8, rue Martel
75010 Paris
網址：*coutumecafe.com*

Café Lomi
地址：3ter, rue Marcadet
75018 Paris
網址：*cafelomi.com*

La brûlerie de Belleville
地址：10, rue Pradier
75019 Paris
網址：*Cafebelleville.com*

La brûlerie de Melun
地址：4 rue de Boisettes
77000 Melun
網址：*cafe-anbassa.com*

La fabrique à café
地址：7, place d'Aine
87000 Limoges
網址：*lafabriqueducafe.fr*

Café Mokxa
地址：9, boulevard Edmond
Michelet
69800 Lyon
網址：*cafemokxa.com*

Café Bun
地址：5, rue des Étuves
34000 Montpellier

L'alchimiste
地址：87,quai des Queyries
33100 Bordeaux
網址：*alchimiste-cafes.com*

Terres de café
網址：*terredecafe.com*

Cafés Lugat
網址：*maxicoffee.com*

全球咖啡活動

世界咖啡組織
（World Coffee Events）
世界咖啡冠軍賽：比賽項目包括
咖啡調理師、手沖咖啡、拉花藝
術、咖啡調酒、咖啡盲飲、咖啡
烘焙師
網址：*worldcoffeeevent.org*

義大利米蘭國際酒店展
（HOST Milan）
每兩年舉辦一次
網址：*host.fieramilano.it/en*

精品咖啡年會（SCAA）
美國精品咖啡協會主辦
網址：*sca.coffee*

墨爾本國際咖啡展（MICE）
世界最大的咖啡展之一，於澳洲
舉行
網址：*internationalcoffeeexpo.com*

世界愛樂壓大賽
在全球超過 40 個國家舉行（包括
台灣）
網址：*worldaeropresschampionship.
com*

倫敦咖啡節
網址：*londoncoffeefestival.com*

紐約咖啡節
網址：*newyorkcoffeefestival.com*

阿姆斯特丹咖啡節
網址：*amsterdamcoffeefestival.com*

CoLab 咖啡研討會
網址：*Bristaguildofeurope.com/what-
is-colab*

全球咖啡館推薦

巴黎

Hexagone Café
地址：
121,rue du Château
75014 Paris

Coutume
地址：47, rue de
Babylone
75007 Paris

Dose
地址：73, rue Mouffetard
75005 Paris

Fragments
地址：76, rue des
Tournelles
75003 Paris

Honor
地址：54, rue du
Faubourg-Saint-Honoré
75008 Paris

Loustic
地址：40, rue Chapon
75003 Paris

Matamata
地址：58, rue d'Argout
75002 Paris

Télescope
地址：5, rue Villedo
75001 Paris

艾克斯

Cafeism
地址：20, rue Jacques de
la Roque
13100 Aix-en-Provence

Mana Espresso
地址：12, rue des
Bernardines
13100 Aix-en-Provence

昂布瓦斯

Eight o'clock
地址：103, rue Nationale
37400 Amboise

波爾多

Black List
地址：27, place Pey
Berland
33000 Bordeaux

La Pelle Café
地址：29 rue Notre Dame
33000 Bordeaux

里昂

La boîte à café
地址：3, rue Abbé Rozier
69000 Lyon

Puzzle Café
地址：4, rue de la
Poulaillerie
69002 Lyon

波城

Détours
地址：14 rue Latapie
64000 Pau

史特拉斯堡

Café Bretelles
地址：2, Rue Fritz
67000 Strasbourg

圖爾

Le petit atelier
地址：61 rue Colbert
37000 Tours

倫敦

Association Coffee
地址：10-12 Creechurch
Ln
London EC3A 5AY,UK

Prufrock Coffee
地址：23-25 Leather Ln
London EC1N 7TE,UK

Workshop Coffee
地址：27 Clerkenwell Rd,
London
EC1M 5RN, UK

都柏林

3fe
地址：32 Grand Canal
Street
Lower, Dublin 2, Irlande

Meet Me in the Morning
地址：50 Pleasants Street
Portobello, Dulin 8,
Irlande

哥本哈根

The Coffee Collective
地址：odthåbsvej 34B
2000 Frederiksberg,
Danemark

奧斯陸

Tim Wendelboe
地址：
Grünersgate 1
0552 Oslo, Norvège

Supreme Roastwork
地址：Thorvald Meyers
gate 18 A
0474 Oslo, Norvège

斯德哥爾摩

Drop Coffee
地址：Wollmar
Yxkullsgatan 10
118 50 Stockholm,
Suède

佛羅倫斯

Ditta Artigianale
地址：Via dei Neri, 32/R
50122 Florence, Italie

紐約

Everyman Espresso
地址：301W Broadway
New York, NY
10013,USA

萊克伍德 / 丹佛

**Sweet Bloom Coffee
Roasters**
地址：1619 Reed
St.Lakewood CO 80214
USA

洛杉磯

G&B Coffee
地址：C-19,317 Broadway
Los Angeles CA 90013
USA

西雅圖

Espresso Vivace
地址：227 Yale Ave,N
Seattle WA 98109 USA

蒙特婁

Café Myriade
地址：1432 rue Mackay,
Montréal
QC H#G 2H7, Canada

東京

Fuglen Tokyo
地址：1-16-11 Tomigaya
Shibuya 151-0063
Japon

墨爾本

St Ali Coffee Roasters
地址：12-18 Yarra PI
South Melbourne VIC
3205
Autralie

聖保羅

Isso é Café
地址：R.Carlos
Comenale, s/n- Bela Vista,
São Paulo-SP
Brésil

咖啡館小糕點

在咖啡館裡，有些咖啡師會建議搭配英式或美式小糕點。
本篇要介紹巴黎蛋糕店 Monsieur Caramel 的幾道著名點心。

胡蘿蔔蛋糕

份量：6-8 片

室溫奶油 75 公克
砂糖 200 公克
蛋 3 顆
細鹽 5 公克
麵粉 300 公克
泡打粉 25 公克
肉桂粉 5 公克
希臘優格 150 毫升
紅蘿蔔 300 公克（刨成細絲）
胡桃 100 公克（可用榛果、杏仁和堅果代替）

① 烤箱預熱至 180℃。

② 混合奶油和糖，攪拌至質地呈均勻。

③ 拿一個碗，在碗裡打蛋，加鹽之後混合均勻；拿另一個
　 大碗裝篩過的麵粉、泡打粉和肉桂粉。

④ 慢慢把蛋液體倒入步驟②的混合奶油攪拌均勻，再依序
　 加入乾料、優格、紅蘿蔔絲和壓碎的胡桃，把所有材料
　 混合均勻。

⑤ 蛋糕模塗上奶油，倒入步驟④做好的麵糊，放進烤箱烤
　 35 分鐘。

⑥ 蛋糕出爐後放涼，脫模切成小片即可。

＞適合搭配卡布奇諾咖啡

費南雪小蛋糕

份量：20 塊小蛋糕

杏仁粉 150 公克
砂糖 100 公克
麵粉 20 公克
蛋白 200 公克
奶油 150 公克

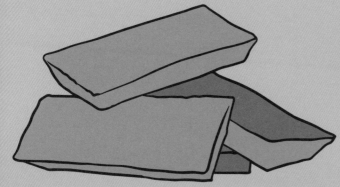

① 烤箱預熱至 180℃。

② 杏仁粉、糖、麵粉全部一起過篩。

③ 把蛋白加入步驟②的乾料裡混合。

④ 用微波爐加熱奶油，再把融化的奶油加入所有材料裡攪拌至質地均勻。

⑤ 把拌好的麵糊倒進費南雪專用蛋糕模，放進烤箱烤 9-10 分鐘。

⑥ 蛋糕出爐放涼之後，小心脫模即可。

>適合搭配濃縮咖啡

巧克力脆餅

份量：20 塊餅乾

砂糖 120 公克
蛋 5 顆
麵粉 50 公克
可可粉 25 公克
室溫奶油 50 公克
黑巧克力 100 公克

① 烤箱預熱至 180℃。

② 在大碗裡打蛋，然後加入糖，攪拌至碗中的混合物變白。

③ 麵粉和可可粉一起過篩，把篩好的乾料加入步驟②的混合物，用塑膠刮鏟把所有材料混合均勻。

④ 把黑巧克力大致敲碎，一點一點加入步驟③的混合物中攪拌均勻。

⑤ 在烤盤鋪上防油紙，把剛剛做好的麵團捏成小圓餅放在烤盤上，每個小圓餅之間要預留空間，放進烤箱烤 15-20 分鐘。

⑥ 餅乾出爐之後放涼，輕輕從防油紙上取下烤好的餅乾即可。

>適合搭配濃縮咖啡或手沖咖啡

名詞索引

咖啡種類

章節索引

🍃🍃：行家篇

致謝

謝謝家人的支持，還要感謝旅人咖啡烘焙師史戴方那・卡塔勒帝（Stéphane Cataldi）寶貴的建議，謝謝金由漢（譯名，Yohan Kim）的糕點食譜，謝謝達維德・拉歐茲（David Lahoz）、布希恩・歐奇夫（Brian O'Keeffe）和米卡埃勒・波赫塔尼耶（Mikaël Portannier）。

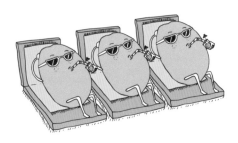

國家圖書館出版品預行編目資料

我的咖啡生活提案／陳春龍（Chung-Leng Tran）、賽巴斯汀・拉辛努（Sébastien Racineux）著；林琬淳譯. -- 二版 . -- 臺北市：三采文化股份有限公司，2022.09
面；　公分. --（好日好食；59）
譯自：LE CAFÉ C'EST PAS SORCIER
ISBN 978-957-658-881-5（平裝）

1.CST: 咖啡
427.42　　　　　　　　　　　　111009820

suncolor
三采文化集團

好日好食 59

我的咖啡生活提案
【經典暢銷珍藏版】

作者｜陳春龍（Chung-Leng Tran）、賽巴斯汀 ・ 拉辛努（Sébastien Racineux）
繪者｜亞尼斯 ・ 瓦盧西克斯（Yannis Varoutsikos）　翻譯｜林琬淳
主編｜喬郁珊　責任編輯｜吳佳錡　協力編輯｜吳愉萱
美術主編｜藍秀婷　封面設計｜池婉珊　內頁排版｜陳佩君（優士穎企業有限公司）
行銷協理｜張育珊　版權負責｜杜曉涵

發行人｜張輝明　總編輯長｜曾雅青　發行所｜三采文化股份有限公司
地址｜台北市內湖區瑞光路 513 巷 33 號 8 樓
傳訊｜TEL:8797-1234　FAX:8797-1688　網址｜www.suncolor.com.tw
郵政劃撥｜帳號：14319060　戶名：三采文化股份有限公司
初版發行｜2022 年 9 月 8 日（二版）　定價｜NT$580
2刷｜2023 年 6 月 10 日

LE CAFÉ C'EST PAS SORCIER
Copyright © Marabout (Hachette Livre), Paris, 2016
Complex Chinese edition © SUN COLOR CULTURE CO., LTD., 2022
Complex Chinese edition published by arrangement with Marabout (Hachette Livre) through Dakai Agency.
All rights reserved.

著作權所有，本圖文非經同意不得轉載。如發現書頁有裝訂錯誤或污損事情，請寄至本公司調換。 All rights reserved.
本書所刊載之商品文字或圖片僅為說明輔助之用，非做為商標之使用，原商品商標之智慧財產權為原權利人所有。